光 明 城
LUMINOCITY

看见我们的未来

SELECTED PROJECTS FOR CONSERVATION AND
REUSE OF FUZHOU HISTORIC BUILDINGS

福州市历史建筑
保护利用案例指南

霍晓卫　杨勇　编著

同济大学出版社

TONGJI UNIVERSITY PRESS

中国·上海

主编单位：北京清华同衡规划设计研究院有限公司
　　　　　福州市历史文化名城管理委员会
编　　著：霍晓卫　杨勇
副 主 编：王翊加　杨洪华　林少鹏
编写人员：张飐　张弓　赵茂龙　王子骏　黄峰　宁静
　　　　　邓颖　张捷　李明杰　王哲　王攀
绘　　图：江林蔓　严博晗　吴泽灿　张展眉
图　　片：福州市历史文化名城管理委员会
　　　　　北京清华同衡规划设计研究院有限公司
　　　　　（周静微　林珍妮　陈曦　李君洁　王翊加）
平面设计：谢竟思　蔡碧典

支持机构：
福州大学
福建船政文化保护开发有限公司
福州市三坊七巷保护开发有限公司
福州市鼓岭旅游度假区管委会
福建省建筑科学研究院
福州万滨房地产开发有限公司
融信双杭城投资公司
打开联合文化创意有限公司
松口气文化传媒有限公司
国广一叶设计有限公司
连江郎乡文创旅游发展有限公司
上海乐尚设计有限公司

序一

PREFACE I

　　我对福州有着很深的情结。1961年，我从同济大学毕业后留校任教，为了编写《中国城市建筑史》的教材，我把全国的重要历史城市都跑了个遍，其中就包括有着2200多年建城历史的福州古城。当年的"八闽之都"呈现出一派文化古城的风貌，三山巍峙，两塔耸立，一条老街（后命名为八一七路），串联了唐、宋、元、明、清历代的建筑风华，而且都还保持着原来的历史风貌，这真是古城中的珍品。1986年福州成为第二批国家历史文化名城后，我带领团队编制了第一版福州名城保护规划，2000年之后又陆续编制了第二版福州名城保护规划和三坊七巷历史街区的相关规划，可以说福州是我倾注了心血和时时挂念的名城。令人欣慰的是，福州经过这十多年来的努力，在名城保护工作上取得了很大的实效，古城主要格局、街区历史风貌基本得到保护与整治。在这个过程中，历史建筑的保护也受到重视，成为福州名城保护的重要内容与体现。

　　保护福州历史建筑，不仅因为它们具有历史、艺术、科学、社会、文化等价值，可以用来欣赏、研究、留给后人，更是因为通过对历史建筑的保护可以留存城市的记忆，可以使我们拥有更为丰富、更有特色、更具魅力的城市与生活。

　　历史建筑是一类法定保护的重要城乡文化遗产，在强调保护优先的原则基础上，应该同时鼓励保护创新与活化利用，正是因为要让历史建筑"活"起来，无论是延续历史建筑原有功能，还是再生新的功能，历史建筑与当下时代、当下城乡都具有更为密切的关联。这是历史建筑区别于文物建筑，或者说历史建筑在文化遗产保护体系中更为灵活开放的特点。历史建筑的保护需要积极探索新理念、新方法，而且历史建筑是依法由县级以上地方政府颁布保护的，在保护、利用、管理上很难形成也没有必要形成完全的共识与标准，要鼓励各地在历史建筑的保护实践中探索，因此要及时总结各地历史建筑保护的经验。

我很欣喜地看到，清华同衡的年轻同行们编著的这本《福州历史建筑保护利用案例指南》能够尝试用丰富的具体案例来回答关于福州历史建筑保护、利用机制与管理的很多问题。本书选择了不同历史时期、不同类型的历史建筑保护与利用的代表性案例，详细介绍了保护利用过程中的要点，从理论到操作层面，都为历史建筑保护利用提供了宝贵的经验。同时，非常值得肯定的是，这本书力争把历史建筑保护的理念与方法以一种更能让广大非专业读者接受的方式表达出来，让更多读者能够共享遗产保护成果。

希望福州历史建筑及名城保护工作能越做越好！也希望看到更多年轻同行能有更多关于历史建筑及名城保护的优秀实践案例分享。

是为序。

阮仪三

2019年7月29日

序二

PREFACE II

  我第一次到福州是1999年，在当地专家的陪同下考察了市中心最重要的传统街区三坊七巷。当时，三坊七巷的保护与开发受到社会各界的高度关注，也引发了多次重要的讨论。后来，政府推动福州历史街区的保护工作，三坊七巷的文物保护规划是其中的重要一环。我作为项目负责人，组织了强大的工作团队，在项目调研、案例借鉴、保护措施与政策研究、方案设计等环节投入大量的精力，也因此与福州结下不解之缘。

  当时工作面临两大问题。第一，保护的对象是街区内的文物还是街区整体环境？2006年三坊七巷有九个古建筑院落列入全国重点保护单位，它们是街区的精华。但大家都认识到，不能孤立地只保护这九处重点院落，而是需要将它们与整个街区作为一个整体看待。为此，我们对三坊七巷约40公顷范围内的每栋建筑都进行了详细的研究，提出了整体的综合保护策略。主要保护要素包括：街区多元的建筑类型、完整的环境、丰富的人文信息等。

  整个街区位于八一七路以西，南后街为商业街，两侧为宁静的居住坊巷。在三坊七巷街区内，具有文物价值的大厝古建筑群体现了士大夫文化，普通的"柴栏厝"反映了过去福州的城市商业文化，而那些风格各异的小洋楼等则是近代福州作为重要的对外开放港口城市的重要见证。

  第二，如何实现街区文化的传承？三坊七巷不但建筑精美、式样丰富，而且蕴藏了福州很多重要的历史人物的生平事迹、历史故事、传说，以及传统技艺、民俗信仰等非物质文化遗产。当时保护工作分两个阶段。首先，以文化空间为结合点，对非遗加以系统保护。接着，2010年结合街区整治修复工作，开展了三坊七巷社区博物馆的规划工作，提出了"地域+传统+技艺+民居"的系统保护与展示相结合的新型博物馆模式。这也是我们国家首次在大城市内探索社区博物馆的规划建设与运营模式。

福州历史建筑的保护与街区保护一样，也经历了在实践中摸索、在探索中完善的过程。虽然福州市公布第一批历史建筑名录是在2017年，但历史建筑的保护实际上从三坊七巷的街区保护就已经开始了。最初的保护实践是在当时提出的整体保护街区内类型丰富的建筑的理念下开展的。后来，这一思想在《福州市历史建筑保护管理办法(试行)》中得到了完整体现。现已公布的两批历史建筑，类型丰富，涉及大厝、洋楼、古民居、近现代工业建筑、办公建筑等类型，较为完整地反映了福州明清、近现代各个时期的特征。

2017年，福州市被列入住建部历史建筑保护利用试点城市后，历史建筑保护工作全面展开，在保护、利用、展示、综合管理、多种主体参与模式等方面进行了大量有效的探索，成绩斐然。这本《福州市历史建筑保护利用案例指南》选取其中的典型案例，对历史建筑各个方面的工作要点进行系统展示，为全国的历史建筑保护与活化利用工作提供了一份可参照的范本。更加贴近读者的是，本书还将福州的历史建筑串联起来，为大家提供了多种主题的体验历史建筑的路线。同时，全书将案例建模效果图与文字结合，直观易读。城市保护是一项复杂的社会工程，需要民众的广泛参与，该书无疑为非专业读者提供了一个很好的切入点。

衷心祝愿福州历史建筑的保护工作越来越好！

2019年11月26日

福州市历史建筑地图

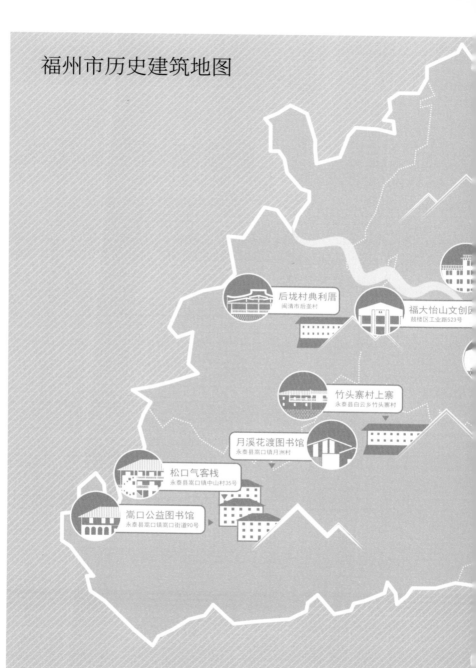

后垄村典利厝
闽清市后垄村

福大怡山文创园
鼓楼区工业路523号

竹头寨村上寨
永泰县白云乡竹头寨村

月溪花渡图书馆
永泰县嵩口镇月洲村

松口气客栈
永泰县嵩口镇中山村35号

嵩口公益图书馆
永泰县嵩口镇嵩口街道90号

洋坪村下底厝
罗源县西兰乡洋坪村20号

坂顶村三落厝
连江县丹阳镇坂顶村杜棠自然村

老爷车博物馆
马尾区江滨东大道468号

会旧址

三坊七巷美术馆
鼓楼区南后街50号

加德纳纪念馆
晋安区宦溪镇宜夏村后浦楼

聚春园驿馆
鼓楼区宫巷22号

翰墨馆
宫巷35号

中平路66—72号
台江区中平路66—72号

艺没城市美术馆
台江区亭下路75号

约吧生活馆
台江区亭下路40—44号

兜村乡土馆
清市江兜村三座厝31—2号

· 约吧生活馆天井

推荐线路一：
穿越时空之旅

福州建城史可追溯到西晋，之后历代在原址上不断改扩建，形成了现在的格局。推荐线路一以城区内历史建筑示范案例为主，涵盖了明、清、民国及新中国各个时期的典型建筑代表。

◎ 住清代大厝

◎ 看清末民初中外交流历史

◎ 体验民国医馆内新派闽菜

◎ 逛老厂房文创设计工作室

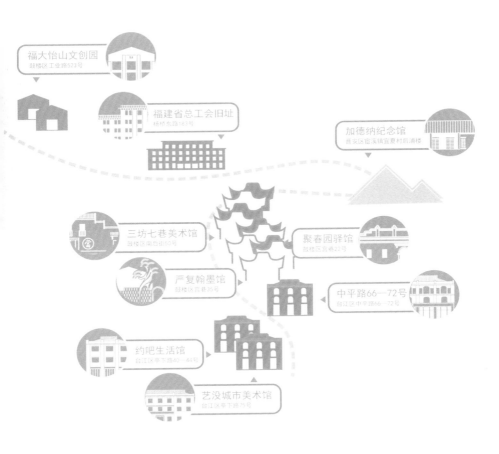

◎ 推荐线路：
艺没城市美术馆(98页)—约吧生活馆(106页)—中平路66—72号(78页)—严复翰墨馆(56页)—
聚春园驿馆(68页)—三坊七巷美术馆(46页)—加德纳纪念馆(88页)—福建省总工会旧址(28页)—
福大怡山文创园(36页)

· 闽江风光

◎ 推荐线路：

老爷车博物馆(116页)—中平路66—72号(78页)—艺没城市美术馆(98页)—约吧生活馆(106页)—福大怡山文创园(36页)—后垅村典利厝(186页)

推荐线路二：
沿江山海之旅

福州的发展历史和闽江密不可分，沿闽江逆流而上可以欣赏沿江美景，游览和水运密切相关的历史建筑，体会福州从临海到山区丰富多元的地域文化。

◎ 原马尾造船厂切割车间

◎ 闽江上看烟台山旧影

老爷车博物馆
马尾区江滨东大道468号

中平路66—72号
台江区中平路66—72号

艺没城市美术馆
台江区亭下路75号

44号

· 坂顶村三落厝活化为乡村文创中心

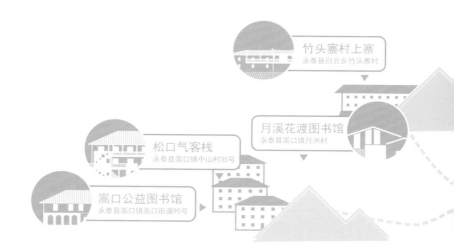

竹头寨村上寨
永泰县白云乡竹头寨村

月溪花渡图书馆
永泰县嵩口镇月洲村

松口气客栈
永泰县嵩口镇中山村35号

嵩口公益图书馆
永泰县嵩口镇嵩口街道90号

推荐线路三：
村落休闲之旅

　　福州四周被群山峻岭所环抱，环境优美。各郊区县保存了大量各具特色的精美古村落，如永泰的夯土建筑，福清的莆仙民居等。游览市郊区县的历史建筑时，可在游览市郊区县精美的历史建筑的同时，体验当地风土人情，享受优美的自然环境。

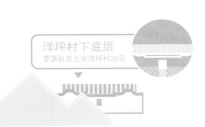

洋坪村下底厝
罗源县西兰乡洋坪村20号

罗源

坂顶村三落厝
连江县丹阳镇坂顶村杜棠自然村

福州市区

江兜村乡土馆
福清市江兜村三座厝31—2号

◎ 推荐线路1：
嵩口公益图书馆（138页）—松口气客栈（146页）—月溪花渡图书馆（158页）—竹头寨村上寨（194页）

◎ 推荐线路2：
坂顶村三落厝（168页）—洋坪村下底厝（178页）

◎ 推荐线路3：
江兜村乡土馆（130页）

目录

福州市历史建筑保护利用工作历程回顾

· 改造利用后的竹头寨村上寨

1. 福州历史建筑概况

福州,别称榕城,位于福建省东部、闽江下游及沿海地区,有着7000多年的历史文化积淀,建城于公元前202年,历史上曾长期作为福建的政治中心,于1986年12月被国务院列为第二批国家历史文化名城。习近平总书记在为《福州古厝》一书序时,对福州这样评价:"福州派江吻海,山水相依,城中有山,山中有城,是一座天然环境优越、十分美丽的国家历史文化名城。"

福州拥有数量众多,类型丰富的历史建筑。历史建筑作为历史文化名城的重要组成部分,体现了福州在2000多年城建史中的审美、工程技术与建筑艺术水平,也是福州地域特色、文化特色和城市记忆的重要载体。

福州市分别于2015年、2016年对下辖五城区进行了两次历史建筑普查,于

2017年4月公布了55处历史建筑，并对已公布历史建筑和部分拟公布历史建筑编制了255处历史建筑图则。这些历史建筑的建造年代跨越了明、清、民国以及建国后，使用功能涵盖宅第民居、坛庙宗祠、商铺、工业仓储、教育等。已公布以及拟公布的历史建筑从空间格局、结构类型、建筑构件、装饰符号等方面反映了福州多元文化共生的特点，见证了中西文化交流互动的中国近现代化进程。

2. 保护利用工作历程

福州历史建筑和历史文化名城保护工作按照时间大致可以分为三个阶段。第一阶段为起步阶段，这一阶段以福州1986年被国务院列为第二批国家历史文化名城为开端，逐步点状启动了华林寺大殿、林则徐祠堂等一批重点文物的保护修缮工作。

第二阶段是福州历史文化名城保护工作框架的建立及完善时期。1991年，时任福州市委书记的习近平主持了市委专题会议研究保护工作，设立了专门机构，制定《福州市历史文化名城保护条例》《福州市历史文化名城保护规划》和《福州市三坊七巷保护规划》等法律法规，形成福州历史文化名城保护的"四个一"（即一个局、一个队、一颗印、一百万元）格局，为福州后续的保护工作打下了坚实的基础。

第三阶段以2017年福州被选为历史建筑保护利用试点城市为标志，历史建筑保护工作全面铺开。从开展全面普查、推广示范项目、集中成片保护、完善技术标准、创新智慧管理等多方面快速推进历史建筑保护利用工作。

◎ 1986年12月之前

成立市文物管理委员会及办公室，公布两批市级文物保护单位，修复了华林寺大殿、林则徐祠堂等一批重点文物。

1982年，国务院公布华林寺大殿为全国重点文物保护单位。1985年，启动林忠公祠维修；乌石山东麓的崇妙保圣坚牢塔、于山的报恩定光多宝塔和大士殿等历史建筑群、闽王庙得到维修。1984年8月，马江昭忠祠与阵亡烈士墓得到修复。此外，被工厂占用的开元寺、西禅寺等历史文物密集场所亦陆续腾出，加以修复。福州市博物馆、林则徐纪念馆、马江海战纪念馆、华林寺大殿文保所、戚公祠文保所、古建筑设计研究所、古建筑维修队等先后成立。

◎ 1986年12月—1991年3月

1986年12月，福州被列为第二批国家历史文化名城。

◎ 1991年3月—1997年2月

1991年3月，时任福州市委书记的习近平调研三坊七巷，并在林觉民故居召开文物工作现场办公会议，提出："评价一个制度、一种力量是进步还是反动，重要的一点是看它对待历史、文化的态度。要在我们的手里，把全市的文物保护、修复、利用搞好，不仅不能让它们受到破坏，还要为它们增辉添彩，使其得以传给后代。"会议决定依法制定《福州市历史文化名城保护条例》和《福州市三坊七巷规划》，修订《福州市历史文化名城保护管理条例》（1989年4月开始起草），修复林觉民故居和琉球馆，增加市文管会编制人员10名，成立市考古队。1995年市文物管理局成立，名城保护管理工作主要由市规划局和市文物局负责。形成福州历史文化名城保护的"四个一"格局。

◎ 1997年2月—2013年10月

1997年2月4日，《福州市历史文化名城保护条例》颁布实施。2002年4月，时任福建省省长的习近平同志在为《福州古厝》一书所作序中指出："保护好古建筑、保护好文物就是保存历史，保存城市的文脉，保存历史文化名城无形的优良传统。"2005年启动三坊七巷历史文化街区保护修复工程；2012年启动朱紫坊历史文化街区保护修复工程；2013年相继启动上下杭历史文化街区和烟台山、冶山历史风貌区保护修复工程。

◎ 2013年10月—2017年12月

2013年10月1日，新修订的《福州市历史文化名城保护条例》实施。2014年10月，《福州历史文化名城保护规划（2012—2020）》出台。2015年，福州市历史文化名城管理委员会成立。2017年4月12日和2018年7月2日，分别召开市委常委（扩大）会及市委专题会，专题研究文物保护工作。会议决定：调整充实市历史文化名城保护建设领导小组，由市委书记担任组长，市长担任常务副组长；当名城保护范围内进行土地出让、房屋整修、项目设计时，规划、建设等部门必须征得文物部门同意。此外，名城保护政府要起主导、统筹、把关作用，市政府是司令部、总指挥。

◎ 2017年12月至今

福州市被中华人民共和国住房和城乡建设部列为全国第一批历史建筑保护

利用试点城市，历史建筑保护利用工作全面推进。启动全域历史建筑普查工作，初步建立全市历史建筑普查资源库。2017年，《福州市历史建筑保护管理办法（试行）》开始制定，规范历史建筑认定、保护管理与利用。出台《福州市历史建筑修缮项目管理意见》《福州市历史建筑专家咨询规定》等配套政策。开展35处历史建筑保护利用示范项目的建设，活化15片特色历史文化街区，建设福州名城保护管理平台系统等。

3. 保护利用工作特点

（1）系统规划

福州是全国较早开始系统规划并扎实推进历史文化名城保护工作的城市。从20世纪80年代入选国家历史文化名城，到90年代初保护体系的建立，再到2017年入选全国历史建筑保护利用试点城市，福州市共投入260多亿元用于历史文化名城保护，名城范围内三坊七巷、上下杭、鼓岭、烟台山、苍霞等19个历史地段232条老街巷相继启动修缮工程。2018年，福州继续推进历史建筑保护利用工作，推进全面普查，同时深化示范项目工作。

福州一直将历史名城、历史街区、历史建筑保护利用的机构设置、法律法规构建、保护利用结合等方面作为工作重点，持续探索，走在全国前列。

（2）整体推进

回溯福州历史建筑保护利用工作历程，可见福州名城和历史建筑的保护从广度至深度都得以加强和发展：从最初对单体文保单位的点状保护，到对历史地段、历史文化街区、历史文化风貌区的整体性保护;从对历史文化遗产的保护到对历史性自然景观的保护;逐步形成福州"整体保护"的概念体系。

这种整体性保护的思路,更好地保护了福州各地区的文化特征、地域特色、文化传承,比单体保护更好地实现了"见人见物见乡愁"的使命。

（3）公众参与

目前福州市历史建筑、历史街区的保护模式为:由名城委主导、国营公司运作、社会居民参与,同时由政府部门通过对规划、设计方案进行审核和技术指导等,对历史建筑的保护利用方式进行把控,最后由开发公司负责经营和管理;此外,为了使社会力量参与街区保护的积极性和资金优势得以发挥,也适当引入企业参与保护地块的开发建设。福州历史建筑的所有者、使用者多元,包括政府、企业公司、个人、事业单位、集体和社会团体。通过鼓励公众参与,拓宽筹资渠道,破解资金难题,同时也能确保历史建筑在保护利用的过程中充分发挥其社会价值。通过在土地出让规划条件中要求摘牌企业按照保护规划的要求进行建设,鼓励多方合作,并形成历史建筑保护利用合作团体。

2015年,烟台山历史风貌区在改造过程中,在土地出让规划条件中要求摘牌企业按照保护规划要求进行建设,并保护出让地块内的文物点、历史建筑、保护街巷等要素,将地块内19处历史建筑一起出让给社会力量持有并保护利用。目前,烟台山历史风貌区已投入22.5亿元,修缮历史建筑19处,文物建筑23处,很好地发挥了企业及公众在历史建筑保护利用中的作用。

（4）科学保护

福州从1997年颁布《福州市历史文化名城保护条例》开始,不断完善法律法规体系,更新历史建筑保护利用技术标准,2018年编制了《福州市历史建筑保护利用模式导则》《福州市历史建筑保护修缮改造设计技术导则》《福州市历史建筑保护修缮改造施工技术导则》《福州市历史建筑保护利用消防导则》四份导则,为历史建筑保护利用的设计施工、利用模式、消防管理等提供导引。

同时,通过讲座培训等方式,建设一支高素质的人才队伍,为历史建筑地域特色的保护传承提供人力支撑,包括:建立福州市历史建筑保护利用专家库,首批推荐44名规划、建筑、文保等领域的专家,日常就历史建筑认定、修缮方案审查、施工指导等方面参与咨询。

在巩固完善常规技术的同时,还积极引入数字平台,将历史建筑信息化建设纳入"数字福州"的总体建设目标之中。启动福州名城保护管理平台系统（一期）项目的实施,项目建设规模覆盖福州市中心城区2769平方公里,建成后将包括历史建筑在内的福州名城资源家底,高效、准确、精细化地支撑政府决策和日常管理。

4. 小结

福州历史建筑资源丰富,种类多样,保存完好且集中成片,是福州地域特色、文化特色和城市记忆的重要载体。

2017年福州作为历史建筑保护利用试点城市,在充分发挥自身特点的基础上对历史建筑保护利用各个方面做出了有价值的探索,这些经验得益于福州长久以来的工作积累,对于其他城市的历史建筑保护利用工作有着十分重要的借鉴意义。

· 改造利用后的严复翰墨馆组织小学生研学活动

福州市历史建筑保护利用工作
评估要点"1+N"

V 价值挖掘展示
I 拓宽资金渠道
O 创新产权模式
B 创新运营模式

· 福州市历史建筑保护利用工作评估要点"1+N"

　　我们在谈历史建筑保护利用工作时常常提到"活化","活"意味着不仅要静态的"保",还要激发和延续历史建筑在当代的生命力。

　　"活"的第一层含义,是"激活"历史建筑,赋予它在当代的使用价值,即"采用变更使用功能的方式,以一种满足新需求的形式重新延续其生命"。在这一层面,必须解决的问题是令历史建筑能够完成建筑本身作为"空间的容器"的使命。

　　"活"的第二层含义,是在满足使用功能的前提下,发挥历史建筑作为文化资产在当代的文化价值、社会价值和经济价值。这是"活化"更深层的含义,也是历史建筑区别于一般建筑的使命。

　　根据"活化"的两层含义,我们提

出"1+N"的评估框架，指导历史建筑保护利用工作。第一部分"1"，代表改造利用的基本工作，是保证历史建筑满足建筑使用功能的基本项，内容包括：①功能活化；②结构加固；③空间改造；④性能提升。

第二部分"N"，代表更深层地激活历史建筑，探索其当代的文化、社会和经济价值，具体包括：⑤价值挖掘展示；⑥拓宽资金渠道；⑦创新产权模式；⑧创新运营模式。

相关文件

在保持历史建筑的外观、风貌等特征基础上，合理利用，丰富业态，活化功能，实现保护与利用的统一。

完善技术标准，科学保护、利用历史建筑。围绕价值保护与传承，明确外观风貌等保护重点，建立区别于文物建筑保护的历史建筑修缮技术、标准和方法，植入现代文明，提高使用价值，科学保护、利用历史建筑。

——《住房城乡建设部关于加强历史建筑保护与利用工作的通知》（建规〔2017〕212号）

创新合理利用路径，发挥历史建筑使用价值。在保护历史价值和保证安全的前提下，发挥市场在资源配置中的决定性作用，选取一定数量的历史建筑开展试点工作，通过开设创意空间、咖啡馆、特色餐饮和民宿等利用方式，探索历史建筑功能合理与可持续利用模式及路径。

——《住房城乡建设部关于将北京等10个城市列为第一批历史建筑保护利用试点城市的通知》（建规〔2017〕245号）

保护历史文化风貌。有序实施城市修补和有机更新，解决老城区环境品质下降、空间秩序混乱、历史文化遗产损毁等问题，促进建筑物、街道立面、天际线、色彩和环境更加协调、优美。通过维护加固老建筑、改造利用旧厂房、完善基础设施等措施，恢复老城区功能和活力。

——《中共中央国务院关于进一步加强城市规划建设管理工作的若干意见》

相关文件

◎ 价值挖掘展示

充分发挥历史建筑的文化展示和文化传承价值。

——《住房城乡建设部关于加强历史建筑保护与利用工作的通知》(建规〔2017〕212号)

历史文化街区是我国历史文化名城保护的核心内容,是历史文化遗产保护体系的重要组成部分,是历史传承的重要载体;历史建筑承载着不可再生的历史信息和宝贵的文化资源,具有重要的历史价值。开展历史文化街区划定和历史建筑确定,对于加强历史文化街区和历史建筑保护,延续城市文脉,提高新型城镇化质量,推动我国历史文化名城保护具有重要意义。

——《住房城乡建设部办公厅关于印发<历史文化街区划定和历史建筑确定工作方案>的通知》(建办规函〔2016〕681号)

◎ 拓宽资金渠道

拓宽资金渠道,保持资金良性循环。破解政府单一投入的资金模式,鼓励多元投资主体、社会力量和居民参与历史建筑保护投入和经营,形成风险共担、利益共享的投资机制。

——《住房城乡建设部关于将北京等10个城市列为第一批历史建筑保护利用试点城市的通知》(建规〔2017〕245号)

◎ 创新产权模式

积极引导社会力量参与历史建筑的保护和利用。

——《住房城乡建设部关于加强历史建筑保护与利用工作的通知》(建规〔2017〕212号)

◎ 创新运营模式

对于符合历史建筑保护利用要求开展经营活动的,鼓励有关部门对使用者给予优惠政策支持。

在保护历史价值和保证安全的前提下,发挥市场在资源配置中的决定性作用。

——《住房城乡建设部关于将北京等10个城市列为第一批历史建筑保护利用试点城市的通知》(建规〔2017〕245号)

· 洋坪村下底厝改造为老年活动中心

1. 功能活化引导

重新赋予历史建筑使用功能是历史建筑活化工作的第一步。福州由于其历史上区域中心和门户城市的地位，留存下来的历史建筑功能丰富，以居住、宗教建筑、商贸和工业生产几大类为主：有反映不同地区地域特征的传统民居，有反映近现代福州作为重要通商口岸这段历史的中西合璧形式的商铺，也有反映工业化历程的工业遗产。不同功能类型的历史建筑记载了福州不同年代、不同区域的发展特征。

随着历史变迁和城市发展，城市定位和功能分区不断调整，历史建筑所在区域的整体性功能也随之发生变化。同时每栋历史建筑的使用者也不断更替，使用需求的变化也有可能会引起建筑功能的转化。

一方面应鼓励历史建筑功能的延续，保留与建筑特征相契合的使用方式，另一方面，为了让历史建筑更好地融入当代生活，也应该积极接受历史建筑的功能变化。

在进行功能活化时应充分考虑历史建筑作为文化遗产的属性，要保护历史建筑的价值，同时产权公有的历史建筑活化应充分发挥其社会价值，因此在功能转化中应注意如下几点：

①明确历史建筑一定要保用结合，最

· 福大怡山文创园：从工业制造基地到工业设计创意产业聚集地

· 严复翰墨馆：展览和文创讲述"严校长的故事"

好的保护就是积极合理的利用；

②在审慎判断的基础上，创造性地实现历史建筑的功能转化；

③鼓励向历史建筑植入对公众开放的功能，实现其社会效益；

④历史建筑宜结合自身建筑特点明确利用方向；

⑤鼓励植入与历史建筑核心价值相关的文化生产及展示功能。

· 月溪花渡图书馆改善了夯土建筑的自然采光与通风

2. 结构加固引导

　　福州历史建筑按照结构形式大致可分为传统木结构、近现代砖木结构和砖混结构。不同历史建筑的结构本身具有不同的科学价值，如福州山区和沿海传统木结构民居，由于自然条件不同，结构比例和尺度也不同，福州地区的大型土堡代表了就地取材的本土建造智慧。同时，结构形式也反映了所建造时代的技术水平，福州不同时期历史建筑结构类型的演变对研究建筑技术发展史具有重要意义。

　　但随着时间变化，历史建筑面临着结构老化引起的安全性能隐患，不同时期标准的变化导致老建筑不符合新时代的安全要求。同时，新功能的植入对使用空间和结构承载力都会提出新的要求，因此结构加固和改造是历史建筑活化利用过程中，保证使用要求和安全要求的基本工作。

　　由于历史建筑结构本身就具有科学、历史或艺术价值，因此在加固和改造过程中，除了要满足基本的安全要求，更应该尊重原有结构中具有代表性和能反映价值特色的部分，对于价值特色部分的加固应采用无损可逆的方式，而新增加的结构部分应做到和原有结构的风格、尺度相协调，同时具有可辨识性。基于历史建筑自

· 老爷车博物馆: 混凝土桁架展示与加固

· 竹头寨村上寨: 当地传统施工技术与新功能大空间需求碰撞的产生的大跨度木结构

身的特点, 结构改造工作应参照以下几点进行:

①对能反映建筑价值特色的原有结构进行保护, 可用原材料原工艺进行修缮和加固;

②如选择新的结构形式对局部或整体进行改造, 应注意整合新的功能需求, 并可以体现一定的原有结构形式特征;

③对具有科学、艺术和历史价值的结构进行展示。

· 坂顶村三落厝重新划分了室内外空间,使传统民居适应现代酒店和展览的功能需求

3. 空间改造引导

空间是建筑使用功能的载体。福州历史建筑的空间特征反映着社会组织方式、文化观念、时代特征等丰富的信息。福州传统的大厝民居建筑以院落组合、中轴线对称等空间特征反映一种内向的长幼有序的社会结构和观念,近现代商铺的前店后寝的空间组合方式体现出商业活动的特点,洋壳厝等福州特有的建筑类型在西洋风格立面以及装饰的基础上还保持着中国传统的合院空间布局,是现代化进程中人们的观念发生转变的一个重要见证。

在历史建筑活化利用的过程中,新的功能植入会引发新的空间需求。同时,社会结构和生活方式的变化也会产生相应的新的空间观念,如宗法观念的瓦解令空间的层级象征性受到了削弱。另外不同时代的审美取向也影响着人们对空间形式的偏好。因此空间转化是历史建筑活化利用的必然结果,恰当的空间改造可以提升利用的品质。

历史建筑空间改造区别于其他类型空间营造的核心问题是,需要在兼顾当代使用和审美需求的基础上,充分尊重原有空间结构所反映的历史信息,做到新的空间格局既能够满足功能需求,又对原有空间格局特征进行了恰当的保护和展示,因

· 老爷车博物馆：夹层和屋中屋的处理方式改造工业厂房

· 三坊七巷美术馆：传统木结构建筑的空间整合

此在历史建筑空间改造中应当注意：

①保留能反映建筑价值和特色的空间特征；

②新空间应更好地满足新功能需求，也能恰当地体现一定的原空间形式特征；

③改造利用的过程中，空间分割和重组不要破坏原有重要空间，并应进行记录。

· 聚春园驿馆结合功能需要来优化传统民居建筑性能

4. 性能提升引导

　　建筑的性能决定着使用者的体验和舒适度。福州地处东南沿海,属于亚热带季风气候,气候温热,降雨量和湿度大。福州历史建筑,尤其是居住类建筑在使用舒适度的问题上体现着许多经验和智慧,比如:日照强烈、昼夜温差大的山区地区,采用导热系数小、蓄热量大的夯土墙体作为围护结构,建筑内部冬暖夏凉;沿海地区通过控制朝向和屋面坡度的方式改善室内通风效果;大型民居群还通过建筑和水系的配合,解决有组织排水、消防以及降温等问题。这些特征都反映了历史建筑的科学价值。

　　在历史建筑的活化利用过程中,使用功能的差异会导致对建筑性能的要求不同,不同使用人群也会对建筑性能提出不同的要求。这意味着在历史建筑的保护和改造过程中,需要考虑功能和人群的需求对建筑性能的影响。另一方面,现代技术的发展为建筑性能的提升提供了更多可能性。

　　为了使历史建筑为当代的使用者提供更舒适的使用体验,同时挖掘和尊重原有改善建筑性能的措施,历史建筑性能提升工作应建立在对历史建筑协调自然环境和使用者舒适度需求这一系统的研究

· 月溪花渡图书馆：用被动式方法改善历史建筑的使用性能

· 坂顶村三落厝：恢复建筑群与水系的关系，展示传统民居的生态理念

上，在尊重和保留原有具有科学价值的设计的基础上，利用新的研究和科技成果对历史建筑性能进行适应性提升，在具体工作中应注意：

①保留历史建筑中依托自然形成良好建筑性能的设计；

②可以采用现代技术对局部进行建筑性能优化；

③新置入的现代设备应尽量隐蔽。

· 竹头寨村上寨:修复对社区具有重要精神意义的香火位

5. 价值挖掘展示

　　价值是历史建筑作为文化遗产的基本属性,历史建筑是价值的物质载体。因此对历史建筑价值的挖掘与展示是历史建筑保护利用的核心诉求,也是历史建筑保护利用工作的特点和重点。

　　价值的丰富多元是历史建筑的特征。目前通行的历史建筑评估认定标准涵盖了历史价值、艺术价值、科学价值等各个方面。不仅价值类型多样,每类价值中所包括的具体内容也纷繁复杂。以历史价值为例,在认定标准中,历史价值不仅包含建筑本身的年代信息,同时也注重建筑是否与历史人物、历史事件相关,或代表产

业发展的历史进程。而一栋历史建筑的价值又往往是历史、科学、艺术、社会等几方面价值的综合,因此对历史建筑价值的判断需要细致深入,尊重每栋建筑自身的特色和差异。

　　丰富多元是历史建筑价值的魅力所在,但也给保护利用中价值的展示提出了挑战。为了尊重、细致挖掘和展示历史建筑的多元价值,应鼓励通过改造利用主体来主动挖掘和展示价值。

　　福州历史建筑保护利用示范项目展示了通过激励主体的活化利用来参与价值挖掘和展示的成功经验:

· 松口气客栈:展示和挖掘传统民居所代表的嵩口本地乡土文化

· 福大怡山文创园:福州大学作为利用主体,与老厂房的价值高度契合

①建立以多元价值为基础的历史建筑评价体系,并在保护历史建筑价值的前提下考虑经济的可持续发展;

②鼓励利益诉求与历史建筑本身价值高度契合的人群或机构来活化利用主体;

③鼓励探索对历史建筑价值和参与主体经济效益进行优化平衡的利用模式。

· 中平路66—72号改造后内景

6. 拓宽资金渠道

福州历史建筑数量众多,历史建筑维护和改造的一次性资源投入量大,按照《历史文化名城名镇名村保护条例》对历史建筑活化利用责任方的规定,历史建筑维护和修缮的资金主要来自所有权人和县级以上地方人民政府。保护工作数量巨大、时间紧迫,而保护责任人的相关资源与其不对等,这成为一个亟待解决的工作难点。

为了解决这些问题,中华人民共和国住房和城乡建设部在《关于加强历史建筑保护与利用工作的通知》中提出要"鼓励多元投资主体、社会力量和居民参与历史建筑保护投入和经营,形成风险共担、利益共享的投资机制"。

在拓宽资金渠道方面,福州历史建筑示范项目中有三点创新:

①鼓励有保护意愿的企业介入保护工作,使其承担社会责任;

②鼓励非营利机构或基金会介入历史建筑的保护及运营;

③鼓励以合资的方式对历史建筑进行改造。

· 月溪花渡图书馆：乡村复兴基金会支持下的历史建筑保护利用

· 中平路66—72号：商业公司参与历史建筑保护利用

这三点创新一方面通过赋予改造主体以社会责任的方式来敦促其实现历史建筑的社会、生态和文化效益；另一方面，通过土地的有条件出让，鼓励多方合作，形成历史建筑保护利用合作团体等，保证多元主体真正参与到活化利用工作的决策环节。

· 后垅村典利厝俯瞰

7. 创新产权模式

历史建筑产权情况复杂,为了简化改造利用工作程序,以往多采用政府统一征收后处理的模式。

这种模式的局限性主要体现在两方面,一是统一征收和改造的一次性投资巨大,投资门槛高,无法保障多元主体共同参与历史建筑的保护利用工作。二是统一征收导致原住民大量外迁,使原有文化生态受到破坏,不利于历史建筑的整体保护。

在创新产权模式方面,福州历史建筑示范项目做了如下尝试:

①社区持有产权模式。历史建筑所在社区或村集体成立公司,代表社区或集体持有历史建筑产权,改造后使用权属于所在社区成员,植入功能多为社区服务;

②华侨产权的探索。福州沿海地区有大量空置的华侨产权历史建筑,示范项目对不改变产权性质、将使用权转移为华侨家族或家族所在社区所有的模式进行了探索。

福州以集体或社团作为历史建筑产

· 江兜村乡土馆：以家族纽带为基础的合作改造模式

· 后垅村典利厝：以村为单位的历史建筑活化利用合作社

权或使用权主体的成功案例，多是基于原有的社会网络和信任系统，在长期形成的社会关系中，历史建筑可以作为一种公共资源被共同利用。其代表了历史建筑活化利用模式中除了政府、开发商和产权所有人之外一种新的产权模式，也提供了一种责任与利益分配的新的可能性。

· 福大怡山文创园

8. 创新运营模式

历史建筑运营与一般建筑运营不同，不仅仅要对新置入功能进行经营管理，还要对历史建筑本体进行维护和价值展示。好的运营可以赋予历史建筑可持续的使用价值。

历史建筑运营有明显的自身特点：一方面历史建筑自身的价值可以为运营中的文化资产提供附加价值；另一方面运营主体也必须承担保护的责任，接受使用上的限制，付出改造维护费用。

历史建筑运营主体多元。目前较常见的运营主体主要有四类：第一类是政府作

为产权人直接参与；第二类是由社会非盈利机构申请合伙运营；第三类是产权人自行改造；第四类是由商业机构进行改造及运营。

福州几个示范项目创新地采取了不同主体联合运营的模式，发挥了各自的优势，共享了资源。比如，在福大怡山文创园的活化利用中，采取校企合作、协同运营模式，将机械厂旧址开发成为工业研发、设计和文化创意产业聚集区，延续工业制造传统的同时，为青年学生提供创业孵化平台。

在创新运营模式方面，福州历史建筑示范项目尝试了复合功能的运营方式，将

· 福大怡山文创园：校企合作、协同运营模式

· 嵩口公益图书馆：回乡青年和原住民合作运营的嵩口模式

创意、展示等功能和商业、酒店结合在一起。一方面，通过创意、展示对历史建筑本身的价值进行挖掘和再创造，将建筑从一个空间转化为一种运行着的文化资产。另一方面，与商业功能相结合的复合运营使得投入产出达到平衡，同时实现可持续使用的目的。

案例解读

01 福建省总工会旧址

- 结构类型:多层砖木结构
- 建造时间:1955年
- 改造前/后功能:办公/办公
- 活化利用主体:福建省文化厅、福建省总工会
- 设计单位:福建省建筑科学研究院
- 建筑面积:5250平方米
- 项目投资:1500万元(2018年)

部分项目基地底图
来自谷歌地图(Google Map)

　　福建省总工会原办公大楼建于1955年,为砖木结构房屋。原为森林工作局办公处,曾作为福建省文化稽查总队、福建省总工会的办公地点。2014年,该建筑被确定为危房,基本废弃。2017年5月,该建筑被福州市政府列为第一批历史建筑,并启动保护利用工作。

　　该建筑内部结构合理,入口大厅采用井字梁结构。立面简洁大气,立柱为简欧风格,基座采用灰色水刷石贴面搭配红砖砌体墙身,檐口处理为曲线线脚,手法细腻,是鼓楼区现存的少有的近现代大型办公建筑,具有较高的历史价值和艺术价值。

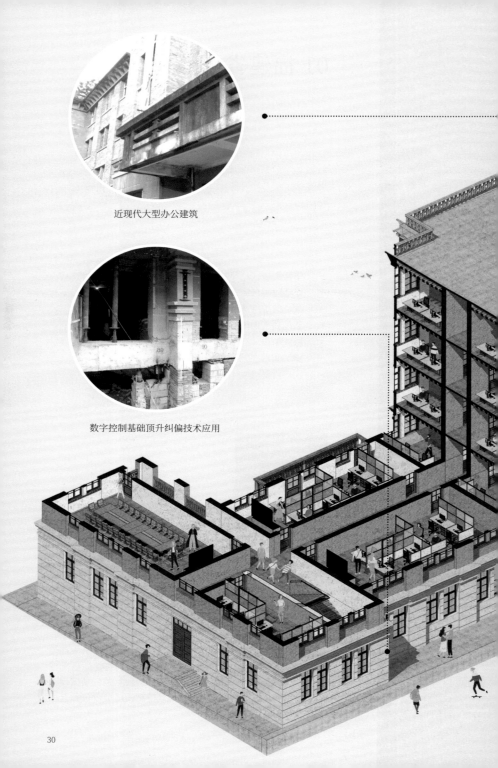

近现代大型办公建筑

数字控制基础顶升纠偏技术应用

·改造前内景

·改造前外景

·改造中外景

·改造中全景

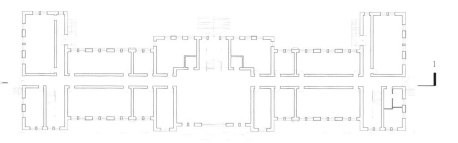

· 一层平面图

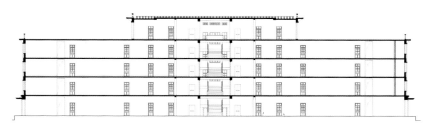

· 1—1 剖面图

· 正立面图

0 2 4   10m

现代数字化技术加固大型近现代建筑

福建省总工会原办公大楼整体向北倾斜，倾斜值较大，另由于该建筑一层地面标高低于杨桥路面标高约1米左右，工程对地基进行纠偏与抬升。采用锚杆静压桩的方式整体顶升，将建筑物抬升1.14米(建筑物北侧)至0.84米(建筑物南侧)。

工程在一层地面新增钢筋混凝土现浇板，并将新增一层楼板板底至原有基础面高度范围内的室内部分做架空处理。

为提高该建筑物承载能力，对原承重内墙采用双面钢筋混凝土板墙、双面钢筋网砂浆面层进行加固处理。上述加固工艺完成后可通过墙体粉刷进行有效的隐藏，不破坏历史建筑的风貌。在原有木楼板的楞木间新增方形钢管，提高了原木楼盖的承载能力。

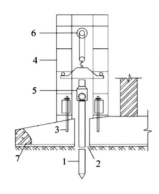

1 桩
2 压桩孔
3 锚杆
4 反力架
5 千斤顶
6 电葫芦
7 基础

锚杆静压桩是指利用锚固于原有基础中的锚杆提供的反力实施压桩，压入桩一般为小截面桩，主要用于基础的加固处理。其优点是所用工具简单，易于操作，施工不影响工期，可在狭小的空间内作业，传荷过程和受力性能明确，施工简便，质量可靠；缺点是承台留孔，锚杆预埋复杂。

· 顶升纠偏工作现场

· 对锚杆静压桩编号,并对各个桩顶升距离进行数字控制,建筑整体抬升约1米

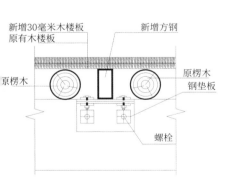

新增30毫米木楼板
原有木楼板

新增方钢

原楞木

原楞木
钢垫板

螺栓

新增30毫米木楼板
原有木楼板
新增方钢

局部原承重墙内掏洞,置入方钢后采用细石混凝土填实

加固后外墙

原有外墙

· 楼板加固详图

· 在原有木楼板的楞木间新增方形钢管,并将新增方形钢管隐藏于吊顶中

· 墙体加固详图

· 对原承重内墙采用双面钢筋混凝土板墙、双面钢筋网砂浆面层进行加固处理

02 福大怡山文创园

- 结构类型:单层及多层砖混结构
- 建造时间:1960年
- 改造前/后功能:厂房/文化创意产业办公
- 利用主体:福州大学
- 设计单位:福州大学建筑设计院
- 建筑面积:5701平方米
- 项目投资:1500万元(2016年)

　　福大怡山文创园原为福州大学机械厂,建于1960年,是与福州大学创办时期同步筹办的校办工厂,集研发、生产、教学为一体,生产的同时作为福州大学的金工实习基地,面向工科学生开展工程训练。2004年,福州大学金工实习基地搬迁至旗山校区,机械厂原厂区于2014年停止生产。2016年,以福州大学基建处为实施主体,采取校企合作、协同运营模式,将机械厂故址开发成为集聚工业研发、设计和文化创意产业的福大怡山文化创意园。园区入选"2016年度福建省文化产业十大重点项目",被评为"2016年省级小微企业创业基地"。

　　福州大学机械厂建筑群占地约33亩,为单层、多层砖混结构大跨度建筑,是福州为数不多的20世纪50年代工业建筑代表。福州大学机械厂见证了建国后福州机械制造业的发展,承担了工科人才培育工作,具有较高的历史价值和科学价值。

福州大學機械廠

华丽变身工业研发设计的创意产业聚集地

展示福州大学机械厂发展历史　　　　　以校企合作、协同运营推动运营新模式

· 园区改造前卫星图

· 园区改造后卫星图

· 改造后的设计工作室保留原有木结构

展示福州大学机械制造厂发展历史

园区以原福州大学机械厂为载体, 改造过程中保留机床, 标语等反映时代特征和价值的历史要素, 园区内藏有多部原福州大学机械厂停产车床设备。对公众开放的福州大学怡山校区历史画廊, 展示福州大学怡山校区发展历程。园区主要参观路线为"日"字形, 设有公共服务平台, 内设接待区、活动室、路演大厅等。园内有怡山剧院、文创集市、车床设备展示、历史画廊、休憩区等景点, 还可以举办校园歌手比赛。

· 展示在教学生产中曾经使用过的设备零件

设计工作室

华丽变身工业研发设计的创意产业聚集地

福大怡山文化创意园延续工业制造传统，以打造福建省工业研发、设计和文化创意产业集聚园区为自身定位，以"产业集聚、企业集中、功能集成"为路径，努力建设具有鲜明区域特色的文化创意产业集聚区发展体系。

截至2018年，园区已入驻商家60余户，集聚了一大批创意产业类新锐企业，范围覆盖广告设计与制作、软件制作与开发、数字影像后期处理、艺术品收藏、工艺品制作、室内装饰、商业咨询等诸多领域。福建省工业设计协会已经明确入驻创意园。随着行业协会的入驻，创意园区的行业集聚发展能力与产业辐射示范效应将得到进一步提升。

· 举办创意市集

· 举办宜夏榕城文化艺术季闭幕式

· 福州大学至诚学院读书月活动在怡山创意园举行

福大怡山青年创新创业中心

福州市两岸青年 ——— 筑梦联盟

星辰大海
以梦为马

Youth Musicians' Dream Building Alliance across the Straits of Fuzhou City

指导单位：共青团福州市委员会
支持单位：福州市鼓楼区新的社会阶层人士联谊会
主办单位：共青团鼓楼区委员会
　　　　　共青团福州大学至诚学院委员会
承办单位：洪山镇怡山社区
　　　　　福州市两岸青年 ——— 筑梦联盟
　　　　　福大怡山青年创新创业中心
　　　　　福大怡山文化创意园

· 怡山青年创新创业中心发起"福州市两岸青年——筑梦联盟"

· 车间厂房改造为运动场馆

校企合作、协同运营推动运营新模式

　　园区运营借鉴国内外先进的组织管理经验，采取校企合作、协同运营模式，与福州大学等高校深度合作，在园区内设立福州大学校友论坛、大学生产学研实习实训基地、大学生创业孵化基地等，进一步深化产教融合，提升社会服务能力和水平。

　　以"创意"与"乐活"为规划主轴，围绕"文化创意产业、跨界艺术展现与生活美学塑造"，融合咖啡吧、书吧、主题餐吧、音乐酒吧、文玩沙龙、自主设计、原创工业工艺设计等业态，着力为创意产业人才营造休闲娱乐、时尚展览、艺术创作、文化交流的复合型平台。

昔日实习基地变为大学生创业孵化基地

03 三坊七巷美术馆

- 结构类型:传统木结构
- 建造时间:民国
- 改造前/后功能:当铺/文化展示
- 利用主体:福州市三坊七巷保护开发有限公司
- 建筑面积:672平方米
- 项目投资:350万元(2008年)

三坊七巷美术馆位于南后街,始建于民国时期,原为光禄坊刘氏经营的"即成"当铺。2008年对建筑进行修复,并恢复当铺形制,作为美术馆使用。

建筑坐西朝东,采用典型福建地区建造手法,主体为砖木结构,山墙墙体为条石墙基、夯土墙身、上覆墙头帽,内部隔墙为双面灰板壁。该院落是南后街当铺文化的缩影和遗存,反映了民国时期福州典当行业的发展历程,对研究民国的典当行业、福建地方建筑工艺具有一定历史价值。

重整结构，以钢结构加固原有临时木结构

珍藏墨宝，以名人书画延续福州文脉

重现当铺文化，展示福州商贸繁荣的缩影

· 改造前后外景，恢复了当铺标志性"當"字灰塑

· 改造前后内景，改造中增加的钢结构夹层与钢结构楼梯

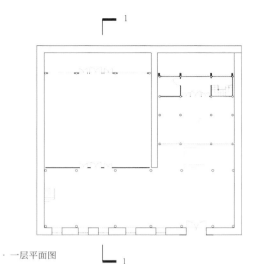

· 一层平面图

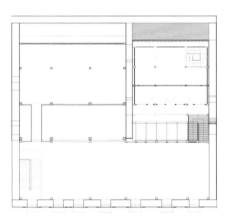

· 二层平面图

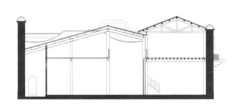

· 1—1 剖面图

0 1 2　　5m

重整结构，以钢结构加固原有临时木结构

　　原本建筑格局不甚规整且后期改动较大，尤其西南角原仓库空间低矮、结构简易。规划设计中该建筑功能改造为展览展示，功能转化导致需要较完整高敞的空间，因此通过用钢结构替换原有临时木结构，以及加入钢结构楼梯等后期植入结构，在不损害原有建筑价值的基础上，适应新的展示功能，同时增大了使用面积。

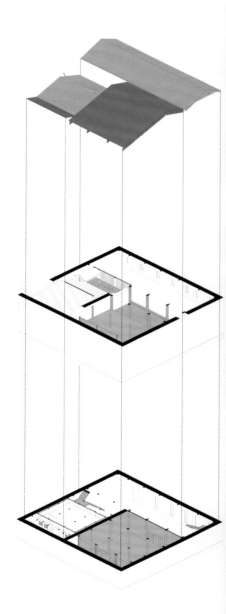

· 改造植入空间

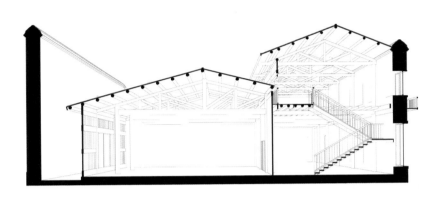

· 改造前剖透视图

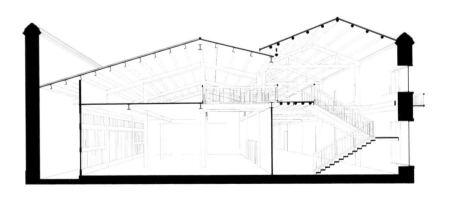

· 改造后剖透视图

重现当铺文化,展示福州商贸繁荣的缩影

　　三坊七巷作为福州仕宦贵族聚居之地,商业行当遍布。当铺为旧时收取抵押物品进行高利贷款的行业,多由官绅巨贾开设。三坊七巷虽多大户,但在清至民国,社会动荡不安,亦见拮据,当铺成为民众商贾资金周转的平台。南后街当铺有即成、同享、恒泰、裕民四家,此处为光禄坊刘家所开设即成当铺。2008年7月启动了该建筑的保护修缮工程,部分复原老当铺柜台场景,修缮了外墙面标志性灰塑"當"字。

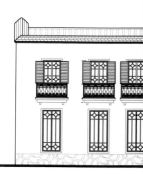

· 修缮了外立面标志性"當"字灰塑

· 复原老当铺柜台场景

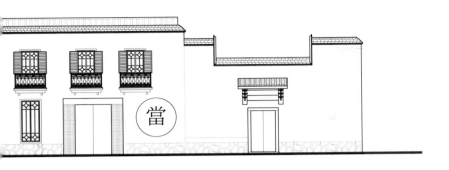

珍藏墨宝，以名人书画延续福州文脉

现在的三坊七巷美术馆是以收藏三坊七巷历史文化名人书画为主的专业展馆，集中展示林则徐、沈葆桢、陈宝琛、陈承裘、严复、冰心、林长民、陈子奋等人的字画、楹联百余幅。其中，作为"镇馆之宝"的是末代帝师陈宝琛的十二屏条，作品为标准的楷书——典型的馆阁体，是送给严复四弟严观澜的七十岁寿序。此屏条也是目前所发现的最大的一套收藏界所谓的达到"真、精、新"标准的作品，只在严观澜七十岁寿辰和他夫人六十岁寿辰时挂过，是由民国时期北京荣宝斋所裱，序言也是陈宝琛亲撰。美术馆通过向市民游客展示三坊七巷的名人字画，挖掘三坊七巷文化内涵，对坊巷士人文化研究、名人研究有一定价值。

· 美术馆收藏展示三坊七巷历史文化名人书画

04 严复翰墨馆

- 结构类型:传统木结构
- 建造时间:明代
- 改造前/后功能:民居/文化展示
- 利用主体:福州三坊七巷保护开发有限公司
- 设计机构:福州大成室内设计有限公司
- 建筑面积:2047平方米
- 项目投资:670万元(2013年)

　　宫苑里为五代十国时闽太宗王延钧的皇后陈金凤的第二寝宫旧址,巷内现有建筑始建于明成化年间,清代、民国时期重修。晚清时期,这里为曾任驻英公使罗丰禄助手的叶景吕先生的故居,1948年由叶氏家族购置居住,2013年修缮改造为严复书院,包括严复生平馆、严复翰墨馆、严复书院、严复讲堂、"严校长的故事"文创商店等功能区。展馆和书院均免费向公众开放,投入使用以来多次和中小学合作,开展公益教育活动。

　　建筑主座前后三进,由门头房、天井、厅堂、厢房等组成,周围风火墙是"三坊七巷"中典型的福州民居代表式样,建筑格局和主要结构保存良好,具有较高的历史和艺术价值。

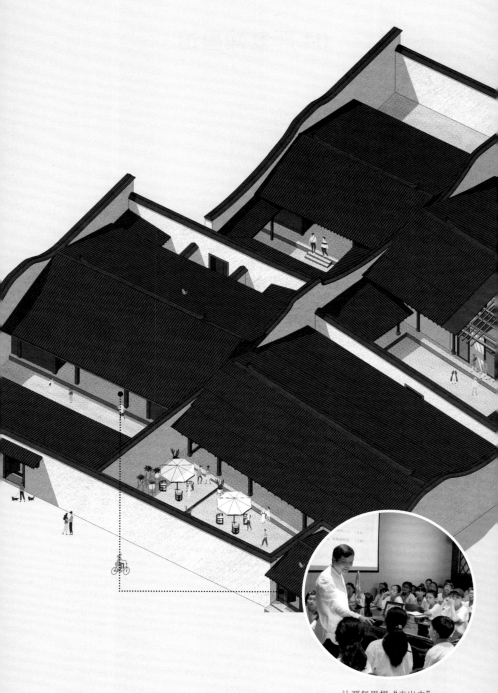

让严复思想"走出去"

具有三百多年历史的明代建筑的再生　　　　　　　　　展览和文创讲述"严校长的故事"

· 改造后入口

· 改造后外景及书院内景

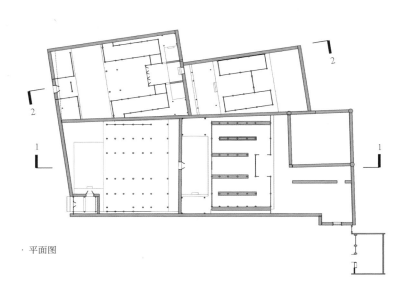

· 平面图

· 1—1 剖面图

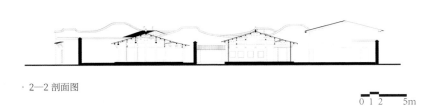

· 2—2 剖面图

0 1 2   5m

· 改造后内景

· 改造前内景

· 改造后保留了残墙和榕树

延续三百多年历史的明代传统大厝的再生

　　严复书院的建设基于对历史建筑的保护和合理有序的利用,维持了原有建筑格局,在改造中重视保护原有材料和色彩,设计上尊重材料、色彩的统一和延续性。书院在提供展览、会议等新功能的同时,充分保护历史建筑的原有特点和历史价值。在保护的基础上,创新性地、示范性地进一步展示历史建筑的价值。

　　在翰墨馆的改造中,墙壁上半部保持传统灰板壁做法,下半部根据展示需要,在原墙面位置设置展柜。展柜的色彩、设计风格及材料的选择和运用与建筑原貌保持协调。

展览和文创讲述"严校长的故事"

　　35号主座现为严复书院,创立开放于2014年,集中展示严复译著的原印版本、严复的书法真迹、后世出版的严复相关著述等。翰墨馆还主编了《严复书法》《严复的一生》等书籍,成为一处了解严复生平、传播严复思想的公共文化平台。

　　2016年诞生了文创品牌"严校长的故事",设计了"严校长"的卡通形象,以融合历史题材、现代设计和生活需求的文创产品等形式推广传统文化。

· "严校长的故事"文创品牌

· 学生参观严复生平展览

· "严校长的故事"文创明信片

让严复思想"走出去"

　　严复书院高度重视严复思想"走出去",到社区和学校,开发了许多课程与活动,让青少年在各种活动中了解严复。2015年与福州一中合作开展了"少年强,则国强"的主题社会实践,2016年开展了福州市中学骨干班主任培训活动等,2017年书院的团队更是走进台湾10所高校,讲述严复生平。

　　在推动严复思想文化研究方面,严复书院与北京大学、南京大学、天津社科院、福建社科院、福建省严复学术研究会等学术研究机构建立了合作关系,已举办数十场大型学术纪念活动、学术研讨会,为研究严复的专家学者搭建了广泛交流的平台。

· 故宫举办严复书法特展海报

· 2017年在故宫举办严复书法特展

· 2017年在故宫举办严复书法特展及研讨会

05 聚春园驿馆

- 结构类型:传统木结构
- 建造时间:清代
- 改造前/后功能:民居/酒店
- 利用主体:福州三坊七巷保护开发有限公司
- 设计机构:福建国广一叶建筑装饰设计工程有限公司
- 建筑面积:4000平方米
- 项目投资:2056万元(2013年)

　　宫巷22号是三坊七巷历史空间格局的一部分,现存建筑始建于清乾隆年间,清道光、同治年间曾为光禄寺卿杨庆琛居所,1949年国民党陆军中将吴石赴台前曾在该院落居住,中华人民共和国成立后,曾为福建省公安厅招待所,2007年修缮,2013年辟为聚春园驿馆。

　　经过历次修缮与改造,目前建筑为中西结合的砖木混合结构,占地面积1448平方米,原有建筑面积1599平方米,改造后酒店总建筑面积4000平方米。建筑格局为三进传统合院式,一进厅堂面阔五间,进深七柱,后天井过覆龟亭甬道,通二、三进院落,一进有小门通西侧花厅,花厅原为一座三间排平房二进厅堂。后临街门面、二进院落、花厅均被改为具有民国时代特色的洋风建筑式样,形成了中西混合的独特风格,具有较高的历史价值与艺术价值。

改造传统木结构以适应现代居住需求

老字号与老建筑携手现代化

·改造后入口门厅

·改造后大门

·改造前大门及内景

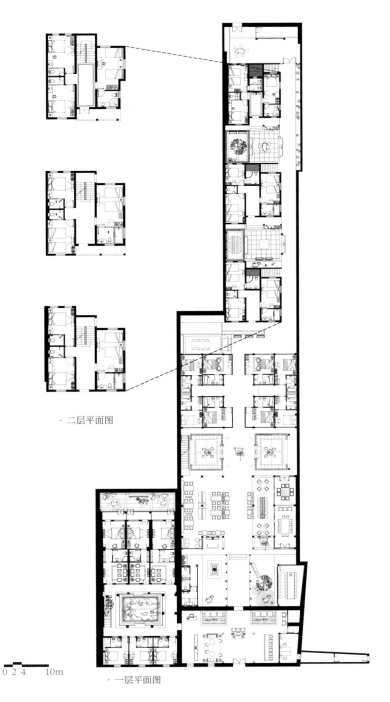

· 二层平面图

· 一层平面图

0 2 4　　10m

老字号与老建筑携手现代化

　　"聚春园"始创于清同治四年(1865),是福建省现存年代最悠久的历史名店,驰名中外的"佛跳墙"就源于聚春园。福州聚春园驿馆地处三坊七巷之宫巷中,为一组由明清木结构、民国砖木结构和20世纪80年代公安厅宿舍组成的建筑群,保留了明清、民国时期风格的建筑格局,拥有各类型客房,集住宿、餐饮、商务、会议等诸多功能于一体。

　　设计抽取了19世纪末期建筑的特点,糅合了一些现代元素,其中一些空间采用了东情西韵的调子来诠释,较好地展示了历史建筑的历史、艺术和科学价值。

· 佛跳墙,是闽菜代表,被誉为闽菜中的"状元菜"。一百多年前,由福州聚春园厨师郑春发受绍兴坛煨肴的启发而开创,用料近30种。2008年,福州聚春园佛跳墙制作技艺入列国家级非遗名录。福州的百年老号聚春园现在仍旧保留着古老而复杂的做法。

· 中西交融的设计风格

· 具有历史感的就餐环境

传统木结构改造适应现代居住需求

　　聚春园驿馆建筑类型多样，同时包括清代、民国和建国后合院大厝和多层独立建筑，空间组合复杂。改造设计通过增加连廊、平台等方式重新整合了院落的空间，实现了可居、可观、可游、可赏的空间形态。

　　在客房设计中以隐蔽方式植入了现代的卫生、通风采暖设备，做到了对建筑本体风貌的保护和现今居住需求的兼顾。

· 新增连廊整合空间

· 新增连廊整合空间

· 改造后的客房

06 中平路66—72号

- 结构类型:砖木结构
- 建造时间:民国
- 改造前/后功能:办公/售楼处
- 利用主体:福州融信双杭城投资发展有限公司
- 设计单位:上海乐尚设计有限公司
- 建筑面积:802平方米
- 项目投资:200万元(2018年)

　　中平路66—72号始建于20世纪20年代。该建筑为典型近现代福州商业建筑。新中国成立后,中平路66—70号为洗染店,72号改为光明理发店,至今已经历过多种小型商业功能的变更。2015年10月,在苍霞历史建筑群保护规划中,中平路66—72号被列为历史建筑建议名录。2018年,该建筑作为融信苍霞历史建筑群保护项目的启动试点,被修缮改造为售楼处。

　　该建筑坐北朝南,为二进院落式格局,第一进为三层三开间的砖木结构西洋建筑,第二进为传统三开间木结构小楼。该建筑的主体部分民国特征较为明显,沿街立面的形制和材料都反映了较强的时代特征,北侧木结构部分保存相对完整,轩廊部分精美的雕花、斗拱及卷棚顶是研究这一区域内民国建筑不可多得的实物资料。

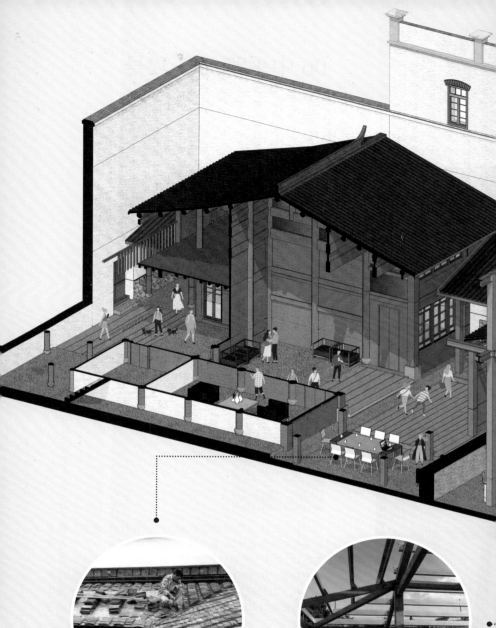

企业参与历史建筑的保护利用　　　　　　用钢结构替换原有的不安全木结构

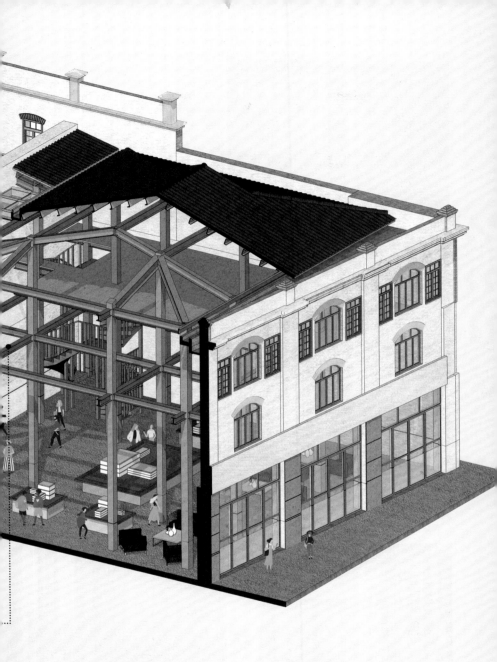

· 改造前外立面

· 改造后外景

· 改造后内景

· 改造后内景

· 改造后内景

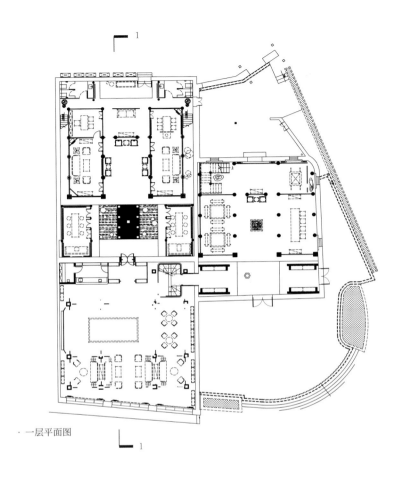

· 一层平面图

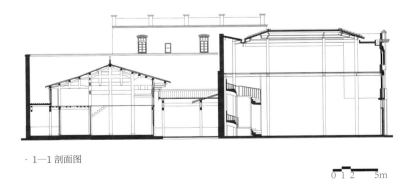

· 1—1 剖面图

0 1 2   5m

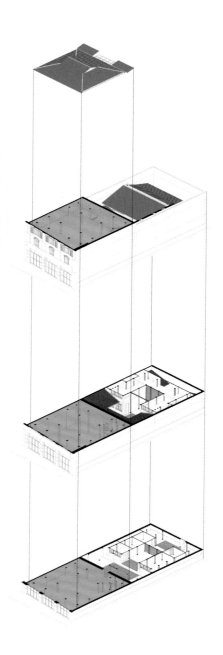

用钢结构替换原有不安全木结构，并打通楼层，形成大空间

　　改造中保留中国古代木建筑结构左右对称的空间，铺排出传统的礼序层次之美，采用层层递进的空间布局设计。

　　原一进建筑为三层木桁架结构，后期多有加建改造，年久失修，存在很大安全隐患。因此用钢结构替换原有不安全木结构，并打通两层空间形成接待大厅，再对原青砖外立面进行加固。

· 改造新增部分

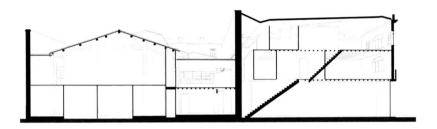

· 改造前剖透视图

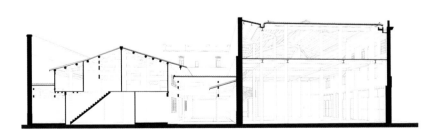

· 改造后剖透视图

企业承担社会责任，参与历史建筑保护利用

2014年福州融信双杭投资发展有限公司参与负责福州城市旧改更新。项目改造过程中融信在相关部门及专家指导下，尊重城市文化，集结各方力量，启动地块内文物及历史建筑保护更新项目，尽可能保护每一栋建筑的历史价值，再现每一处建筑的历史风貌。

改造过程中挖掘历史建筑故事，通过定点、跟踪等拍摄方式，记录历史建筑的改变、重塑、再生的过程。采访、拍摄建筑设计师、古建筑专家、修复匠人等相关人物，阐述项目的修缮理念，记录古建修复的历程，介绍古建的修复手法和传统工艺的价值。

· 企业社会责任金字塔(阿奇·卡罗尔, 1983)

· 企业社会责任(Corporate Social Responsibility, 简称 CSR)，是指企业在其商业运作里对其利害关系人应付的责任。企业社会责任的概念是基于商业运作必须符合可持续发展的想法，企业除了考虑自身的财政和经营状况外，也应对社会和自然环境所造成的影响进行考量。

· 修缮后的木雕

· 修缮过程

07 加德纳纪念馆

- 结构类型:石木结构
- 建造时间:清末民初
- 改造前/后功能:居住/展览
- 利用主体:鼓岭管委会
- 建筑面积:100平方米
- 项目投资:80万元(2018年)

　　该建筑位于宜夏村后浦楼,始建于清末民初,原为福建协和大学两任校长庄才伟(E. C. Jones)和徐光荣(R. Scott)的住所。传教士倪柝声在1942—1948年间将其购买下来,后将此处捐予教会作为"执事之家"。美国加州大学物理学教授密尔顿·加德纳(Melton Gardner)曾于1902—1911年间于福州度过9年童年时光,鼓岭给他留下了深刻的印象,1992年时任福州市委书记的习近平在看到纪录片《啊,鼓岭》中加德纳夫人寻访丈夫儿时故园的故事后,邀请加德纳夫人来到丈夫生前思念的鼓岭,延续了一段中美情谊。该建筑2018年被列为福州市历史建筑,并修复改造为加德纳纪念馆。

　　该建筑风貌保存较好,结构完整,是研究福州近现代宗教史、革命史、建筑史、城建史、鼓岭避暑地历史等的实物资料。

开展国际交流和历史教育的代表性场馆　　　现代技术还原加德纳生平及百年鼓岭原貌

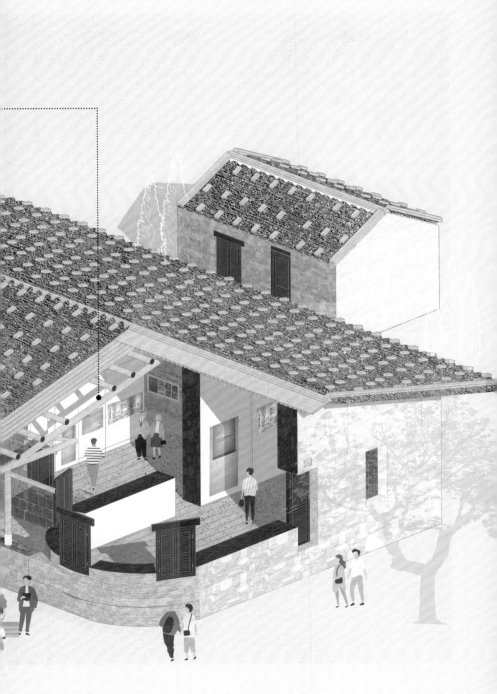

· 改造后外景

· 改造后内景

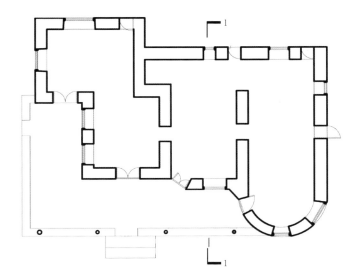

· 平面图

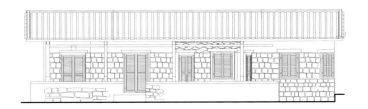

· 立面图

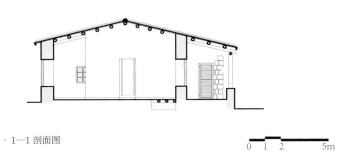

· 1—1 剖面图

0 1 2   5m

现代技术还原加德纳生平及百年鼓岭原貌

密尔顿·加德纳（Milton Eugene Gardner, 1901—1986），曾任美国加州大学戴维斯分校物理学教授，美部会（ABCFM）传教士嘉高志牧师（Rev. G. M. Gardner）之子。他随父母在鼓岭度过9年童年时光。加德纳纪念馆为单层青瓦斜坡顶、中西结合的石木结构建筑，从其建筑样式可以看出鼓岭特色洋人别墅的建筑风格。展馆室内家具布置尽可能还原了当时的西洋生活场景。纪念馆采用现代全方位声光电技术，介绍加德纳先生与鼓岭结缘的全过程，以展示中美人民的友谊。大量的图片还原了一个世纪前加德纳家族的生活场景，以及百年前鼓岭全貌。纪录片在室内投影墙上滚动播放。

· 改造后内景

· 使用原材料、原工艺修复后的外观

· 改造后内景

开展国际交流和历史教育的代表性场馆

鼓岭加德纳纪念馆现已成为开展国际交流和历史教育的代表性场馆。

2012年,福建师范大学应科院学生邀请福州部分高校的外教,一起到鼓岭探寻加德纳的足迹。师大学生更是将加德纳萦绕一生的"鼓岭梦"编排成话剧。同年,鼓岭创建国家级旅游度假区系列活动之"鼓岭·KULING"文艺演出活动在鼓岭柳杉王公园举行。密尔顿·加德纳、首位在鼓岭修建别墅的任尼先生、曾在鼓岭居住过的华南女子学院创办人程吕底亚等人的后人应邀参加。

2018年纪念馆开馆当天,加德纳后人加里·加德纳和李·加德纳从美国赶来,赠送了加德纳先生使用过的一张毯子和一个玻璃水壶。美国友人、热心市民纷纷赠送古董钢琴、百年老食谱等。

· 按照原有工艺修复

· 加德纳后人在纪念馆留影

· 加德纳后人在纪念馆留影

08 艺没城市美术馆

- 结构类型:砖木结构
- 建造时间:1973年
- 改造前/后功能:办公/艺术展览馆
- 利用主体:福州市万滨房地产有限公司
- 建筑面积:746平方米
- 项目投资:400万元(2018年)

　　该建筑建于1973年,曾为福州市仓山区水电设备安装公司的仓储建筑。2013年,该建筑被评为烟台山历史风貌保护区优秀历史建筑。2016年福州万科介入保护修缮,结合艺术馆使用功能和要求,对该建筑内部进行装修改造,将其作为艺术展馆使用。

　　福州市仓山区水电设备安装公司成立于1963年,经营线路、管道、设备安装等业务,是福州最早生产载货电梯的公司之一。作为水电设备安装公司的办公与仓储场所,该建筑保留着亭下路乃至整个仓前山居民的生活印记。

改造为城市美术馆 商业公司参与历史建筑保护

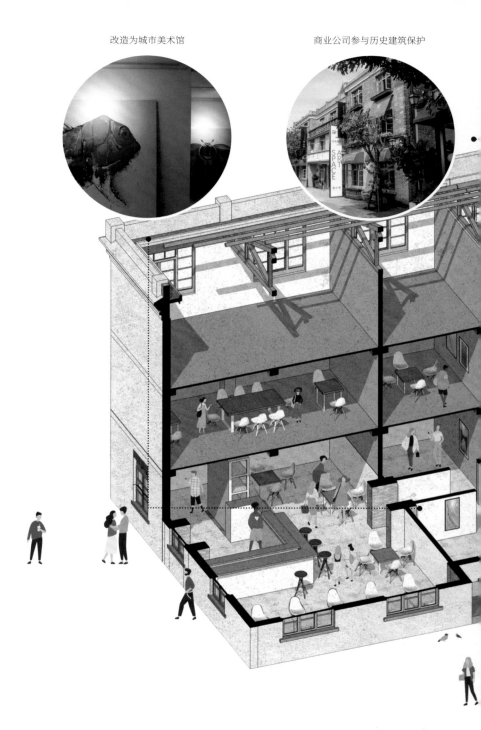

· 修缮后内景

· 作为美术馆利用后内景

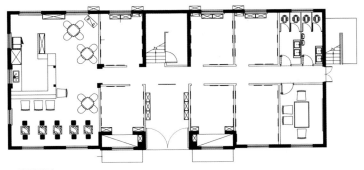

· 一层平面图

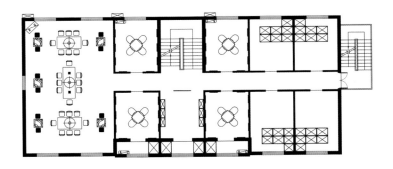

· 二层平面图

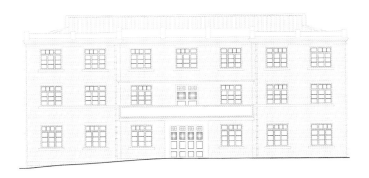

· 立面图

0 1 2　　5m

改造作为城市美术馆

昔日水电设备安装公司的仓储空间变成了城市艺术空间。新植入功能"艺没城市美术馆"是一个"艺术+休闲生活方式"的综合体验馆，以展览、讲座、品鉴会、艺术衍生品新品发布会等形式，将艺术欣赏、人文体验与商业结合，拉近艺术与生活的距离。

在这里既可以近距离接触仓山的历史，又可以欣赏当代艺术、波普艺术、视觉风暴、综合材料、水墨等各类艺术形式。

· 美术馆标识系统

· 改造前内院

· 改造后内院

09 约吧生活馆

- 结构类型:砖木结构
- 建造时间:民国
- 改造前/后功能:诊所/餐饮
- 活化利用主体:福州市万滨房地产有限公司
- 建筑面积:549平方米
- 项目投资:350万元(2018年)

　　该建筑始建于20世纪20年代,长期作为近代儿科名医林雪樵的诊所使用,近期改为亭下居委会老人活动室,目前作为餐厅使用。该建筑为殖民地建筑风格,为本地工匠所建造的西洋建筑,三层砖木结构,坐北朝南,前、后部分以回字型楼梯相连。前部为三层,是近代歇山顶制式,后部二层为露台。建筑外立面墙体分别运用了夯土墙、鱼鳞板、清水红砖墙、空斗砖墙等不同的工艺。这些做法与工艺在本地建筑中都是独一无二的,具有极高的建筑技术价值。2013年,该建筑被列为烟台山历史风貌区保留优秀历史建筑。2016年,福州万科对该建筑实施整体性保护修缮。

商业模式运作下的历史建筑保护利用　　　　改造展示福州近代合院式建筑特色

· 改造修缮前南立面

· 改造修缮后沿街立面

· 改造修缮前天井

· 改造修缮前天井

· 改造后天井

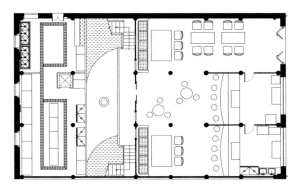

· 一层平面图

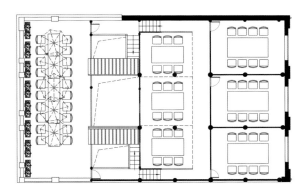

· 二层平面图

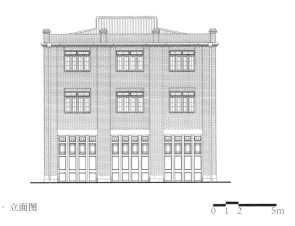

· 立面图

0 1 2   5m

改造展示福州近代合院式建筑特色

　　该建筑为典型的近代合院式建筑,是福州的一种基于传统建筑建造工艺和空间体系,结合西方的建造手段、结构形式发展而来的近现代建筑类型。建筑保留传统的轴线对称、开间规整、进深深长、闭合院落等特征,同时扩大了晒台和阁楼,改善了通风、采光,并吸取了一些西方建筑的装饰手法。

　　活化为餐厅后的装修沿用了这种中西合璧的风格,沿街店面的颜色和装饰构件采用西洋式,天井部分则能展示木构件,并搭配中式装饰符号。这种混搭的风格充分尊重和展示了福州近代西洋风格合院式建筑的特色,也给就餐的食客带来了新奇的体验。

· 改造后天井景观

· 改造后临街餐厅

· 改造后天井

商业模式运作历史建筑保护利用

　　亭下路40—44号位于烟台山历史街区。烟台山试点项目借助企业资金及保护改造专业团队的力量,实现了对历史建筑保护利用的精细化操作。在项目策划阶段,全方位研究烟台山建筑历史风貌,通过细致科学的修缮,融入符合历史风味的现代业态,复兴了烟台山的历史风貌。

　　亭下路40—44号的功能被活化为新派闽菜餐厅。餐厅秉持"年轻"与"创新"的理念,致力于将古朴的历史建筑活化为年轻人喜爱的创新型的新派闽菜馆。

· 策划阶段对街区进行全面研究

· 改造后内景

· 改造后外景

10 老爷车博物馆

- 结构类型:钢筋混凝土结构
- 建造时间:20世纪70年代
- 改造前/后功能:工业生产/文化展示
- 利用主体:福建船政文化保护开发有限公司
- 建筑面积:1674平方米
- 项目投资:1000万元(2014年)

　　福州马尾船政(现为福州马尾造船厂)建于1866年,是清末洋务派兴办的第一座军工造船产业,是中国近代海军工业的摇篮。建国以来马尾造船厂以制造民用船舶为主恢复生产。马尾造船厂切割车间始建于20世纪70年代。2014年起进行整修改造,作为老爷车博物展览馆对外开放。

　　马尾造船厂切割车间为钢筋混凝土单层厂房结构,立柱、屋顶桁架、连系梁均为预制钢筋混凝土构件,外围护结构为红色粘土砖砌筑,两侧屋面中心均有高起的天窗。建筑保存状况良好,结构保留了20世纪70年代工厂车间原貌,具有一定的历史价值。

工业建筑空间再利用

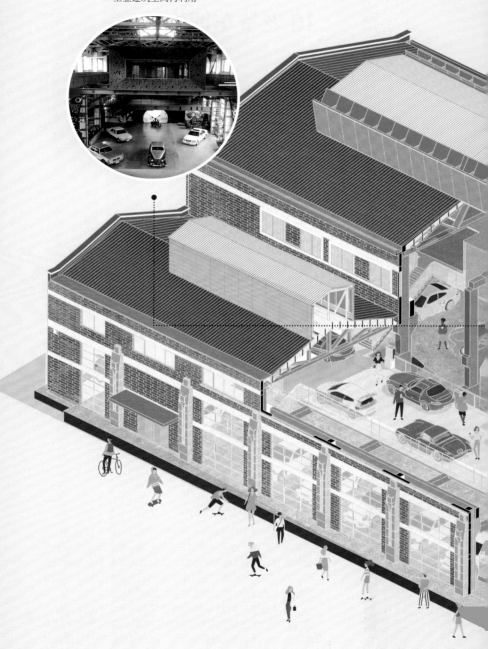

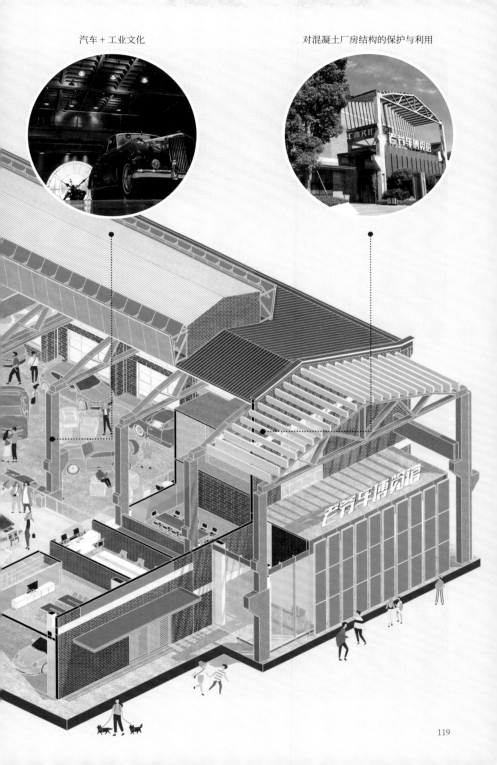

汽车 + 工业文化

对混凝土厂房结构的保护与利用

· 改造前内景

· 改造后内景

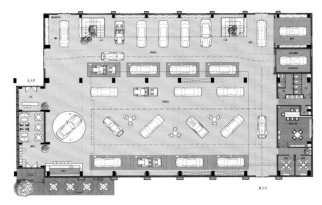

· 一层平面图

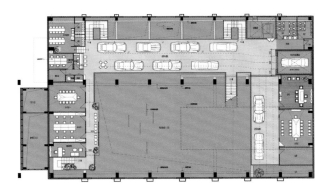

· 二层平面图

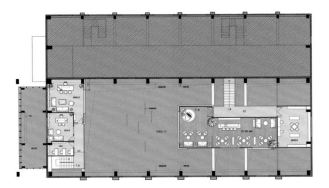

· 三层平面图

0 1 2   5m

案例解读:老爷车博物馆   121

工业建筑空间再利用

　　汇源老爷车博览馆是将原造船厂的切割车间重新整修而成，在内部结构基本保持工厂车间原貌的基础上，将原内部通高的大空间分割为各具特色的三层，展示不同内容。一楼开敞空间为珍品老爷车主展厅，二楼新建夹层是进口车展厅，三楼为接待室及会客室。

　　根据展览空间和流线的需要重新设计分隔了空间。利用回廊、夹层、屋中屋等手法，重新设计内部空间，达到新置入功能的要求。在满足功能使用的基础上，利用穿插交错等方式来获得通透感，保证原工业厂房空间可辨识性，且使之得到很好的展示。

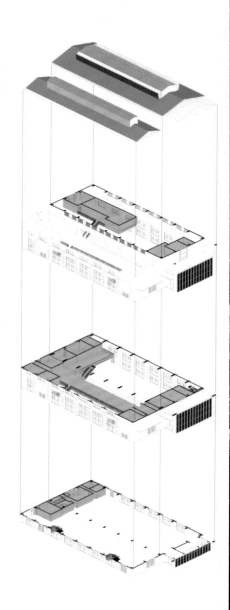

· 改造新建部分

· 改造前内景

· 改造后内景

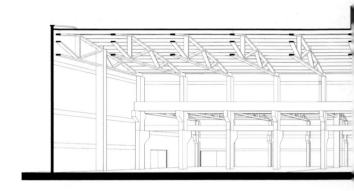

· 改造前剖透视图

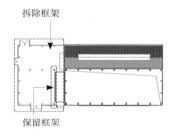

拆除框架

保留框架

原钢筋混凝土桁架结构，是工业建筑的主要特征及价值载体。改造保留了主体桁架结构，并将其作为立面设计要素进行展示。

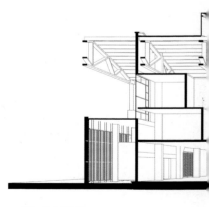

· 改造后剖透视图

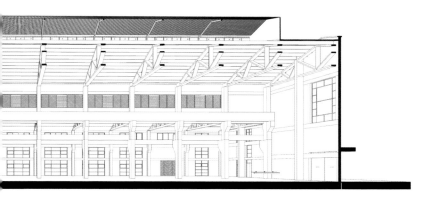

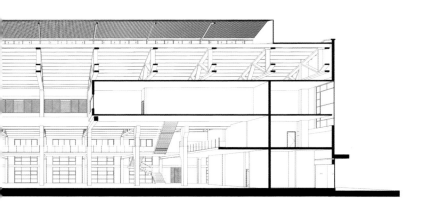

混凝土结构保护与利用

　　由于原结构有不同程度的风化和缺损,同时由于空间改造的需要,结构的承载要求发生了变化。因此,在改造部分可识别的前提下,对裂缝和风化表面进行修补,并用"干式外包钢"法对混凝土框架进行加固。"干式外包钢"法通常采用型钢或钢板外包在原构件表面、四角或两侧,同时利用横向缀板或套箍作为连接件,以提高加固后构件的整体受力性能。混凝土柱四周包裹角钢后,可在不显著增加构件截面尺寸的前提下,大幅提高柱的承载能力。同时该方法在加固过程中现场工作量小,加固后构件的整体稳定性好、受力可靠且构件的截面尺寸基本不变。

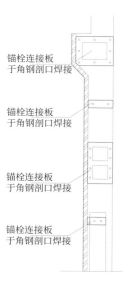

锚栓连接板
于角钢剖口焊接

锚栓连接板
于角钢剖口焊接

锚栓连接板
于角钢剖口焊接

锚栓连接板
于角钢剖口焊接

·混凝土柱锚板侧面布置图

· 在立面上展示保留的混凝土框架

· 混凝土柱锚板加固

· 改造后老爷车展览

· 改造后内景

· 改造后内景

汽车+工业文化

　　汇源老爷车博览馆暨汇源汽车生活馆是民办非盈利性的综合类博物馆。该博览馆是福建汇源文化创意发展有限公司在中国(福建)自由贸易试验区的首个"汽车+"文创项目,致力于老爷车文化交流、老爷车租赁与展示、老爷车博览馆场地租赁、展示与拍卖、会展及会议的组织与服务、文化活动策划与组织,集汽车销售与服务、哈雷机车销售与服务、车友俱乐部、汽车文化沙龙、高端二手车评估交易于一体,配套各类专业改装、个性化订制、汽车金融、汽车保险、咖啡吧、红酒雪茄吧、茶艺居、大小会议室,进行工业展览的同时也能发挥商业价值。

· 改造后举办活动

11 江兜村乡土馆

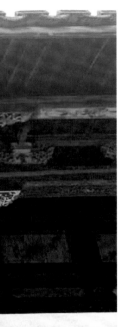

- 结构类型:传统木结构
- 建造时间:民国
- 改造前/后功能:居住/展览
- 利用主体:江兜村村委会
- 建筑面积:1000平方米
- 项目投资:20万元(2018年)

　　王高宗古厝建于1920年,由江兜村村民王高宗下南洋发家后回乡所建,起初作为住宅使用,后长期空置。2018年该建筑被改造为乡土馆使用,展示福清地区的生产生活方式和传统习俗,发挥其文化展示的功能。

　　王高宗古厝的建筑样式、风格特征和装饰语言,集传统莆仙民居建筑与南洋建筑风格于一身,体现了区域的文脉延续与发展变化,以及传统民居的特色和风格,值得现代建筑设计借鉴,也是福清近代多元文化并存的最好见证。

华侨与村民共同维护海内外情感纽带　　　　　　莆仙乡土文化与南洋、西方风格融合

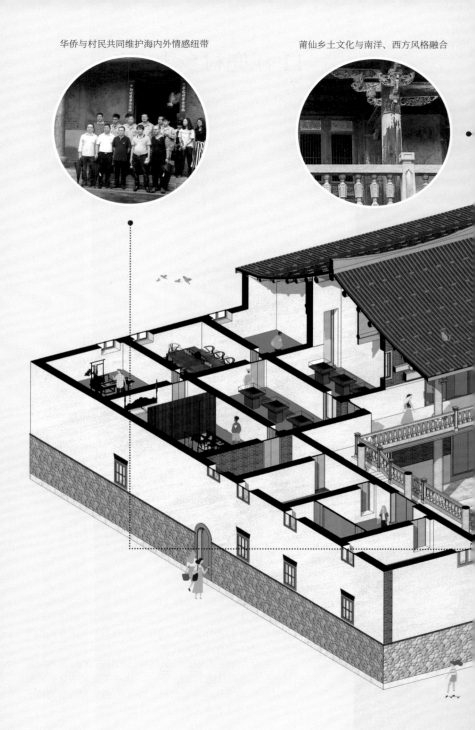

· 改造前内景

· 传统木雕和水刷石栏杆结合

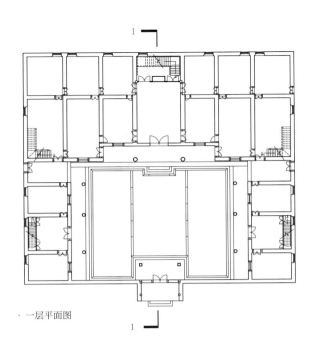

· 一层平面图

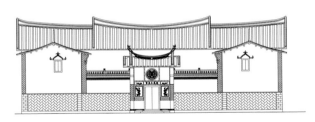

· 立面图

· 1—1 剖面图

0 1 2   5m

莆仙乡土文化与南洋、西方风格融合

　　王高宗古厝在莆仙传统的府第式建筑的基础上，融合了多种南洋建筑风格及西方建筑元素，使用了水泥（洋灰）、钢筋等当时海外盛行的最新建筑材料。王高宗古厝为土木结构，整体平面呈"凹"形，为闽台古厝最常见的"三合院式"。平面布局由厅堂和护厝房组成，厅堂后的后轩被作为楼梯间使用，区别于传统布局。平面布置沿主客厅中轴线对称，宽敞的客厅、廊贯穿全宅；正面三面环绕柱廊，墙身用夯土墙砌筑，屋顶采用传统红瓦悬山顶；廊轩用月梁、花栱、花斗，前檐斗栱上的雀替等构件及槅扇窗雕刻精美；柱廊墙壁上有水泥或水刷石塑造的动植物图案和彩色壁画。

· 莆仙民居常用的红色砖瓦

· 水刷石装饰图案

· 莆仙装饰风格木雕

· 组织本村小学生参观

12 嵩口公益图书馆

- 结构类型:砖木结构
- 建造时间:民国
- 改造前/后功能:教育/社区服务
- 利用主体:嵩口镇人民政府、嵩口社区居委会、嵩口社区综合文化站等
- 设计单位:打开联合文化创意有限公司
- 建筑面积:200平方米
- 项目投资:28万元(2017年)

嵩口公益图书馆位于始建于1923年的基督教青年会大楼内,由嵩口镇人民政府、嵩口社区居委会、嵩口社区综合文化站、打开联合文化创意有限公司和年轻的返乡青年施工团队共同打造,2017年获"全国示范农家书屋"荣誉称号。

社会服务：为村民提供社区活动空
间和青少年教育

青年设计师社区服务

141

· 楼梯空间改造前后对比

· 改造后书架区

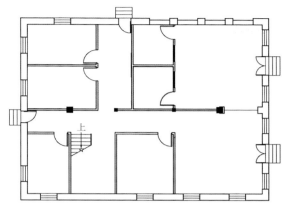

· 改造前一层平面图

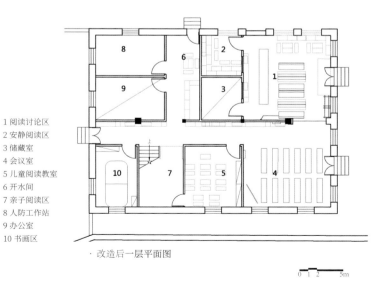

1 阅读讨论区
2 安静阅读区
3 储藏室
4 会议室
5 儿童阅读教室
6 开水间
7 亲子阅读区
8 人防工作站
9 办公室
10 书画区

· 改造后一层平面图

0 1 2   5m

社会服务：为村民提供社区活动空间和青少年教育

　　嵩口公益图书馆是嵩口第一个以"公益"为主题的社区公共空间，主要服务对象是社区老人与青少年。公益图书馆每周定期开展各种各样的活动，极大地丰富了社区居民和青少年的文化生活。该图书馆的成立受到福建师范大学图书馆、福建师范大学公共管理学院、福建少儿出版社、福建省义工俱乐部支教团、永泰县科技文体局、共青团永泰县委员会、晋安区图书馆等社会各界的大力支持，致力于成为一个示范性的社区公益图书馆。

座凳，桌子

书柜　　　　　搬运

· 家具设计

· 改造前内景

· 改造后内景

13 松口气客栈

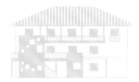

- 建筑类型:夯土木结构
- 改造前/后功能:办公/示范民宿、研发教室、民间传统打猎队集会所综合体
- 活化利用主体:松口气文化传媒有限公司
- 设计单位:打开联合文化创意有限公司
- 建筑面积:420平方米
- 项目投资:350万元(2015年)

  松口气客栈原为中山村旧村部,是镇区打猎队的活动场所。2014年由台湾打开联合设计团队设计改造为松口气客栈,以客栈为载体,通过对地方文化的挖掘与转化,激活乡村。改造后的松口气客栈成为返乡青年联合本地村民创业的项目基地。

  中山村村部旧址是福建山区典型的夯土木结构建筑,具有一定的代表性。改造前建筑主体出现了该类建筑典型的老化损坏现象,改造在最大程度保留建筑传统结构的基础上改善建筑性能,同时达到了现代住宿功能的要求,以及对传统夯土木结构建筑的保护。

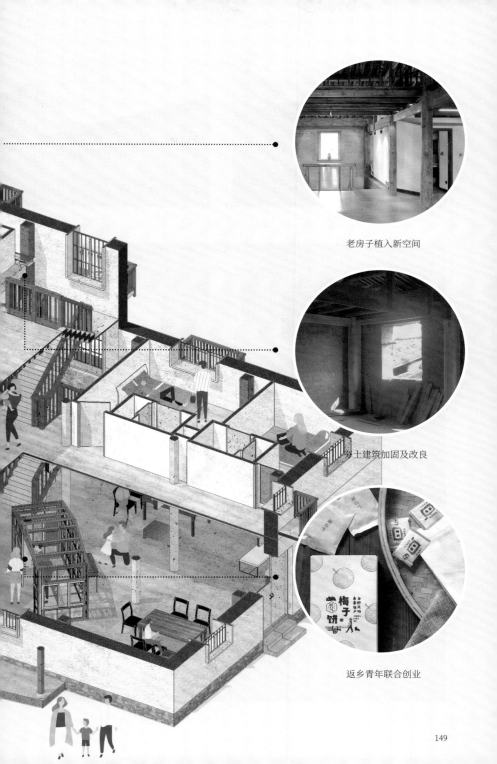

老房子植入新空间

夯土建筑加固及改良

返乡青年联合创业

· 改造前外景

· 改造后外景

· 改造前内景

· 改造后内景

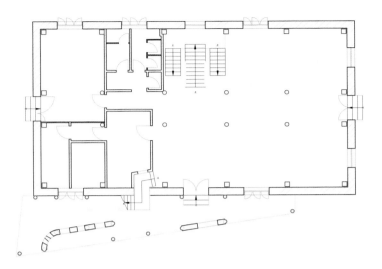

· 改造后一层平面图

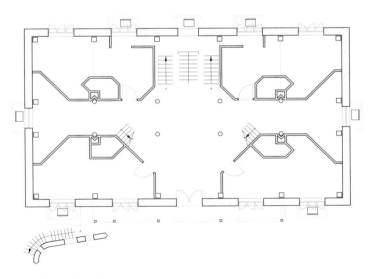

· 改造后三层平面图

0 1 2   5m

老房子植入新空间

　　客栈设于嵩口镇中山村的旧村部办公室建筑内，共三层，拥有十间客房。一楼为公共空间，二楼和三楼为客房区域，是集住宿、餐饮、伴手礼研发、创客交流、民宿辅导示范于一体的交流中心。

　　二楼的客房地板和房间墙壁，都通过使用隔音、隔水等措施，提高居住的舒适度。

　　三楼的房间设计出了房中屋的效果，屋顶特别架出作为公共空间的小阁楼，既可以让使用者更接近屋顶看到旧式建筑的架构，还可以放置茶席喝茶聊天。

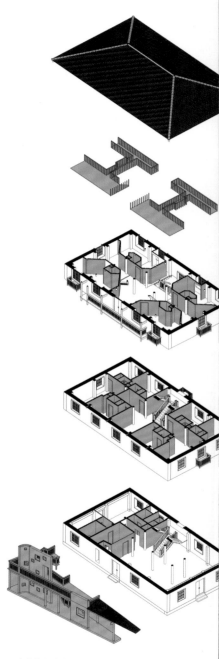

· 改造植入空间

· 改造后一层大厅

· 改造后客房

夯土建筑加固及改良

改造中保留原汁原味夯土墙，保留古建筑的历史特色和自然面貌，结合现代技术和住宿功能，达到"历史魂+自然衣+现代骨"的效果。

为了保证结构安全，对原有土木承重结构进行了改良。沿夯土墙增加柱子和圈梁，并和原有屋架连接，形成完整的框架系统，同时用钢构件加固原有木结构，防止平面内变形。

为了增加采光，在土墙新开或扩大窗洞。考虑到土墙建造年代久远，最终使用厚木板作为窗框，在保证美观的前提下，使墙体能够维持承重的作用。

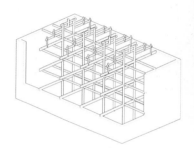

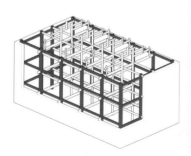

· 改造后框架结构体系

· 新加厚木板窗框和木结构平台

· 改造中的木结构及新加隔墙

农户:白湾张大婶　　在地好物　　包装升级

农户:手工面奶奶　　在地好物　　包装升级　　在地好物整合:谢

农户:月洲养蜂张奶奶　　在地好物　　包装升级　　在地好物整合:林

销售渠道 → 店面销售:"松口气"文创小铺 墟市
电商:淘宝网店、微信网店

返乡青年联合创业

松口气客栈不仅仅是一个历史建筑改造项目,也是青年返乡联合本地村民的创业项目,以民宿为载体激活乡村运营体验式产业链(松口气客栈古镇店＋松口气客栈大喜森呼吸店＋松口气客栈央美艺术工作室店＋松口气乡村自然学院教育基地＋香草种植体验园区)。通过品牌设计,展示地方手工制品和本地特产。"松口气"系列山野风物,不仅有李果、梅果制作的小食,也有嵩口农家自酿青红、手作线面、自制笋干、菜干等山里土产。

截至2018年,松口气客栈古镇店及松口气乡村自然学院教育基地已良好运营3年,松口气客栈森呼吸店及松口气客栈央美艺术工作室店于2017年10月开始运营,香草种植体验园区正在管理养护中。

14 月溪花渡图书馆

- 结构类型:夯土木结构
- 建造时间:1966年
- 改造前/后功能:水电站/图书馆
- 利用主体:永泰月洲文旅公司
- 设计单位:袁晓龙空间设计工作室
- 建筑面积:1500平方米
- 项目投资:600万元(2018年)

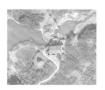

　　永泰嵩口月洲村至今已有千年历史,因桃花溪流经全村形成"月"形而得名。月洲水电站建于1966年,是永泰第一所乡村发电站。2016年,福建月洲文旅公司开始关注月洲村,规划将桃花溪畔的原发电站和原月洲小学作为试点,展开以"文化兴乡"为主题的乡村振兴项目建设。2017年10月,项目方着手将原月洲水电站改造成乡村图书馆,2018年8月投入使用。

　　月洲水电站是福建山区典型的二层夯土木结构建筑,不仅代表着永泰地区传统建筑类型,也是月洲村民重要的历史记忆符号。改造后的图书馆总建筑面积达1500平方米,设计藏书量为12 000册,已上架8000多册。图书馆功能区域包括图书馆、亲子绘本屋、陌上花开咖啡吧、艺术展厅、乡创课堂、柿子树餐厅、竹里馆人文客栈七个部分,并以亲子教育为背景,让乡村的孩子与城市的孩子有读书交流的平台,为乡村的孩子提供不同主题的公益的活动。

民间工艺美术主题图书馆

乡村振兴基金会参与历史建筑保护

夯土建筑加固及改良

· 入口空间改造前后对比

· 室内空间改造前后对比

· 立面改造前后对比

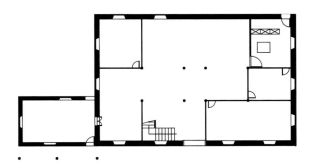

· 改造前一层平面图

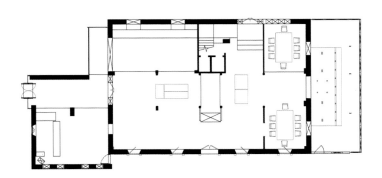

· 改造后一层平面图

0 1 2   5m

· 夯土墙打开后

· 施工中的夯土墙

夯土建筑改造,利用被动式方法改善历史建筑使用性能

    月溪花渡图书馆由原月洲村废弃的发电站改建而成,主楼为夯土建筑。对建筑进行改造时尽量做到了保留建筑原有外貌。为了保留夯土墙特色,用草浆手工修补夯土墙,并特意保留粗糙的手工痕迹。在图书馆内部将封闭的室内房间格局打通成宽敞的大通间,并将隔断嵌入书架。对破损的墙面、严重歪斜的部分进行修补加固,原来的夯土墙里面也做了纵向的钢构支撑。将几扇窗改造为17米面宽的全落地窗,并对窗框做了钢构加固保护,增强采光,使人的视线与外面的乡村景物交融。室内增加了一个天井,9米高的天井贯穿一层与二层。为了既保留原有的木质楼板,同时又满足新功能的承重需求,设计在原有木质楼板上加设钢架,加铺高密度水泥板。

制土料

功能活化：民间工艺美术主题图书馆

月溪花渡项目是福建省月洲文旅公司在永泰投资兴建的第一个乡村图书综合体试点示范项目，以"乡村图书馆"为核心，乡村文创产业为抓手，农耕亲子教育为发展，致力于将其打造成乡村文创联合空间。项目由乡村图书馆（主体及乡创空间）、桃花溪共享农庄（配套客栈）、以及泥鳅田农耕成长营地等三大部分组成。乡村图书馆主体分为四大功能区：第一部分为图书休闲吧兼文创卖店，面积约为50平方米；第二部分为共享空间，包括艺术展厅、乡创课堂、亲子绘本屋、自然工坊等功能，面积约为300平方米；第三部分为乡村图书馆，面积约为500平方米；第四部分为柿子树餐厅，由原水泵房改造而成；第五部分竹里馆人文客栈，共配有6间精品客房。

· 改造后的月溪花渡图书馆

· 图书馆功能策划

· 改造后内景

乡村复兴基金会支持下的历史建筑保护利用

2017年，正荣集团捐资1000万元与地方上共同发起成立永泰县乡村复兴基金会，并组建乡建联盟，培养在地乡创人才，激发永泰内部的生活力，通过引入具有社会价值的产业、对接互联网资源等，实现乡村经济可持续发展与振兴。2018年，永泰乡村复兴基金会向月溪花渡图书馆捐赠15万元，作为社区公益活动基金，推动千年古村复活。

15 坂顶村三落厝

- 结构类型:传统木结构
- 建造时间:明代
- 改造前/后功能:居住/旅游综合体
- 利用主体:厦门朗乡投资有限公司
- 设计单位:厦门朗乡投资有限公司
- 建筑面积:30 000平方米
- 项目投资:1500万元(2017年)

　　该历史建筑原为七星台古建筑群,始建于唐代,最早系张氏族人所建,连江县第一位进士张莹便居住于此地,后因火灾毁于明代。现存丹阳三落厝系明代嘉靖年间郑氏族人在原火迹地上的重建,是连江县目前最完整、规模最大的一座古民居。2017年,该建筑由厦门朗乡投资有限公司投资修缮改造为集旅游、展示功能于一身的综合体。

　　民居为木石结构,由三座水平三进、以过雨亭相连的四合院组成,共有大小房间200多间。古民居内精美木饰及过去的生产生活用具保存完好,呈现出鲜明的地方民俗特色和历史文化底蕴。古民居还有"房中有河,河中有房"的特色,民居内有宽大的排水沟,引山泉水入内;在排水沟上面直接盖房子,活水曾经从房子底下流过,反映了古人与自然和谐共处的营造智慧。

恢复传统建筑群与水系关系　　　　　古民居变身乡村文创中心

· 改造前后对比

· 改造前后对比

· 改造后外景

· 平面图

0 2 4　　10m

恢复建筑群与水系的关系,展示传统民居的生态理念

　　三落厝古民居群落为明代嘉靖年间郑氏族人所建,距今有500年历史,均为木石结构,由三座三进、以过雨亭互相连接的四合院组成,每座四合院中间各有一个天井,每厝之间都有水流分隔,或从房下流过,呈现出"房中有河,河中有房"的独特景观。"房中有河"指民居内有宽大的排水沟,曾直接引山泉水入内,当时沟内有很多的鱼和螺。"河中有房",是指在排水沟或河沟的上面直接盖房子,活水从房子底下流过,取"鱼跃龙门"之意。虽因原河流改道,景观已不存在,改造仍保留了传统格局和水系,使传统建筑本身的特点得以延续。

· 改造后夜景

· 改造后外景

· 改造后内院

01 接待中心
02 公共停车场
03 市民农园
04 酒店停车场
05 二层居酒屋
06 厨房
07 餐厅
08 商业街区
09 艺术展馆
10 乡村学堂
11 酒吧

· 总平面图

连江最大古民居群变身乡村文创中心

连江三落厝历史建筑是连江区域保留最完好的明代建筑群。当地政府于2016年引进厦门朗乡文创旅游发展有限公司，投资1.5亿元开发以三落厝历史建筑为主体的坂顶文创旅游度假项目。目前民居设计功能包括主题度假酒店、传统商业街区、会议中心、乡村学堂、图书馆、艺术展览、市民农园、客栈农家乐等，试图带动当地村民参与到乡村旅游经济当中，扶持村民开展客栈农家乐20余家，大力发展乡村文创及休闲度假板块。2018年11月，成立苏州国画院三落厝写生创作基地。同年12月，威尼斯双年展中国国家馆巡展的第一站在重生后的三落厝举行，展览以图片形式对中国过去几年乡村建筑创作、环境营造、文化传承等诸多层面进行总结，向世人展示了中国的设计师在乡建领域的探索。

16 洋坪村下底厝

- 结构类型:砖木结构
- 建造年代:清代
- 改造前/后功能:居住/公共服务
- 利用主体:洋坪村委会
- 建筑面积:1680平方米
- 项目投资:85万元(2018年)

　　下底厝地处罗源县西兰乡洋坪村,始建于清康熙四年(1665年),2018年经修缮后改造为当地的"养老院",计划二期将剩余空间作为乡廉政文化教育基地使用。

　　该建筑为典型的闽东传统合院式民居,整体占地面积将近2000平方米。平面以进深很大的厅堂为中心,两旁分布着房间;各个空间的采光都非常好;高度二层,一层为主要的居住空间,二层储物;构架将穿斗式与抬梁式相结合,装饰简洁;悬山顶加披檐,大屋顶简洁。具有较高的历史和艺术价值。

历史建筑活化为社区服务设施   保存完好的传统修缮技术

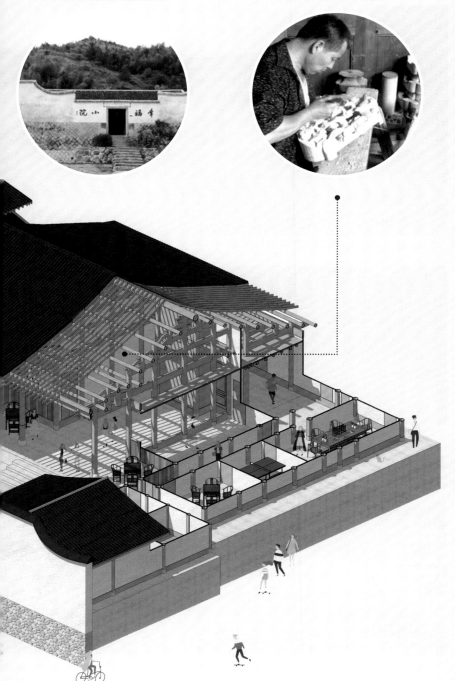

· 改造后内院

· 改造后外景1

· 改造后外景2

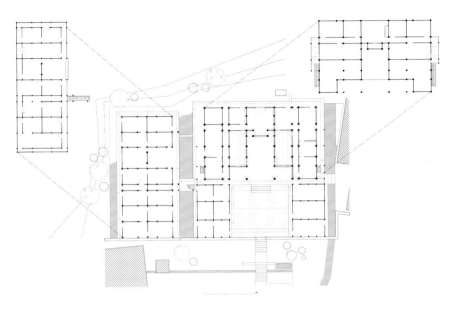

· 平面图

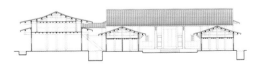

· 剖面图

0 2 4   10m

工匠培训

　　洋坪村下底厝的修缮没有设计人员参与，全部由本地工匠完成。本地传统施工技术保存完善，修缮效果体现了工匠很高的水平。这也是福州历史建筑保护工作的一个特色。

　　福州市延续了注重培训古建筑修缮工匠队伍的优良传统，举办古建筑保护施工技术人员培训班，对石工、泥塑工等技术工匠人员进行理论和实操培训，试图推动传统工艺的传承，夯实历史建筑保护的技术基石。

保存完好的古建筑传统修缮技术

　　洋坪村下底厝修缮工程由本地乡民自发组织，由本地工匠完成，沿用了传统的修缮方法和标准，其建筑形制、木作、瓦作、石作的工艺都展示了福州地区传统工匠的修缮技艺。

· 彩绘灰塑保护修缮培训

· 传统建筑木雕工艺

17 后垅村典利厝

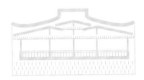

- 结构类型:传统木结构
- 建造时间:清代
- 改造前/后功能:居住/旅游综合体
- 利用主体:闽都古居乡村旅游专业合作社
- 建筑面积:2430平方米
- 项目投资:30万元(2014年)

典利厝位于闽清后垅村,又名本典厝,始建于清同治七年(1868年),已有140多年历史。2014年,结合福建省科技、文化、卫生"三下乡"在后垅村举办的契机,多方筹集资金30余万,对典利厝进行修缮和保护。2016年成立了闽清县闽都古居乡村旅游专业合作社,启动对典利厝及周边古民居进行综合活化利用的工作。

典利厝坐东朝西,占地2430平方米。该厝由正厝和右横厝组成,配有书院、过雨道、花圃、农具房、围墙等,内有正厅和右横厅各1个,大小房间64间,水井两口。该厝具有典型的清代古民居特点,保持较为完整的木雕及清晰的彩绘有八仙过海、飞鹰、牡丹、桃子、石榴等。

成立历史建筑保护利用合作社，创新运营模式

· 俯瞰全景图

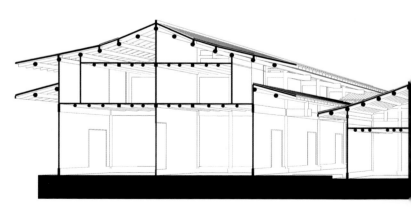

· 剖透视图

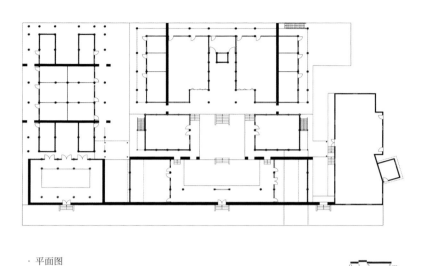

· 平面图

0 1 2 5m

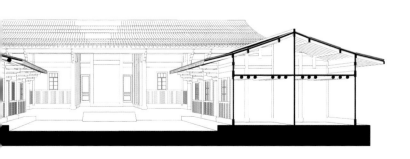

成立合作社保护利用历史建筑

　　典利厝位于闽清县云龙乡后垅村，结合"美丽乡村""幸福家园"建设，以及2014年福建省科技、文化、卫生"三下乡"在后垅村举办的契机，多方筹集资金30余万元，按照"小而精，修旧如旧"的原则对典利厝进行修缮和保护。2016年成立了闽清县闽都古居乡村旅游专业合作社，合作社依托于典利厝及周边古民居，开展农业生态休闲观光旅游，种植果蔬、花卉、苗木、食用菌等农副产品，结合典利厝深厚的文化底蕴，联合多家旅游开发公司，策划周末国学亲子游等活动，充分发挥了历史建筑的使用和文化价值。

· 改造后外景1

· 改造前侧立面

· 改造后外景2

18 竹头寨村上寨

- 结构类型:夯土木结构
- 建造时间:明代
- 改造前/后功能:居住/会议
- 利用主体:古村落古庄寨保护与开发领导小组
- 设计单位:清华同衡遗产中心传统村落所
- 建筑面积:3041平方米
- 项目投资:500万元(2018年)

　　竹头寨位于稻田环抱的隆起丘阜之上,宛如群峰拱卫的明珠。而位于全寨最高处的上寨始建于明代末年,历史最为悠久,但保存状况也最差,大部分地上建筑已经坍塌损毁,仅余正厅及入口部分残存,2018年修缮改建为大型会场,举办了2018乡村复兴论坛,接待了70余家媒体,500余名听众。

　　上寨是永泰最具特色的庄寨建筑代表,建筑布局结构反映了福建山区居民的生活特色和高超的建造技艺,材料以夯土木结构为主,原建筑保存状况不佳,修缮改造充分尊重庄寨建筑特色,采用了当地材料和工艺,延续了上梁仪式等当地建造风俗。

可依据实际需求灵活分割的大空间设计

会议事件引导乡村复兴

当地传统施工技术与新功能大空间需求相碰
撞产生的大跨度木结构

197

· 改造修复前

· 改造修复后

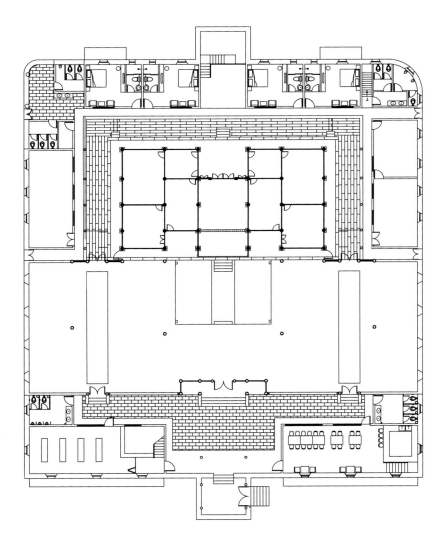

· 平面图

0 1 2   5m

可依据实际需求灵活分割的大空间设计

清华同衡村落所永泰项目设计团队为复建后的上寨赋予"庄寨文化研究中心"的功能定位，植入会议、展览、研究、接待等功能，并提出了"主体修缮、周边复建、局部改造"的设计策略，对保存相对完好的主座进行修缮，尽量保留其原貌；根据现场遗留的台基，按原有布局复建外围建筑；主座前方则整合为开敞空间以满足举办大型会议的需求，也可拆分为数个小型展厅或会议空间使用。

主座是上寨原有建筑所剩无几的遗存，也是整个庄寨中地位最重要的厅堂，峰会期间成为会场的演讲席。通过落架大修，曾经颓败欲倾的主座得到加固，也恢复了应有的庄严气势。修缮过程中不仅大量使用传统的工艺和材料，还依照传统，择吉日举行了简朴而不失肃穆的上梁仪式，使得古老的庄寨从建筑形式、建造技艺到文化内涵，都获得了有序传承。

上寨的主入口上方原为一处供奉"五显大帝"的家祀香火位，据村里老人回忆，历史也相当久远，至今香火不绝。根据村民意愿，这处家祀香火位被保留了下来，结构也进行了加固，将外立面上后加的面砖、铝合金窗去除，恢复旧貌。这不仅满足了村民精神层面的需求，也使得未来的庄寨文化研究中心能始终保持和村庄的良好互动。

· 施工中的香火位

· 改造后全景，保留的香火位在入口上方

会议事件引导乡村复兴

乡村复兴论坛是由清华大学建筑学院、中国扶贫基金会、北京绿十字、开始吧&借宿、寒舍旅游投资管理集团共同主办，新浪旅游&微博县域担纲首席新媒体。它是专门针对乡村保护实践领域的会议组织，其最重要的策略就是只在村里开大会。通过事件整合科学研究、宣传、规划、设计，以及后续的运营、培训等各方面资源，最终达到激活与保护乡村遗产，催化乡村复兴的目的。

乡村复兴论坛·永泰庄寨峰会以"永泰庄寨，老家的爱"为主题，设"综合、民宿集群、文创、乡村治理"四大版块，来自美国、泰国及国内16个省市，国内外乡村治理、古建保护、建筑设计、民宿实践、规划运营、内容传播等各领域领军人物及全国70余家主流媒体约500余人参加了本次峰会。

· 施工中的会议大厅

· 使用中的会议大厅

福州市历史建筑保护利用工作
评估要点索引

01 福建省总工会旧址

◎ 大型近现代建筑数字化控制结构加固

02 福大怡山文创园

◎ 从工业制造基地到工业设计创意产业聚集地
◎ 从老厂房看福州机械制造业的发展历史
◎ 校企合作、协同运营模式

03 三坊七巷美术馆

◎ 名人书画展示福州人文历史
◎ 恢复当铺元素，展示福州商贸繁荣的缩影
◎ 用钢结构替换原有临时木结构，同时调整了层高
◎ 传统木结构建筑的空间整合

04 严复翰墨馆

◎ 展览和文创讲述"严校长的故事"
◎ 具有三百年历史的明代传统大厝的再生
◎ 让严复思想"走出去"

F 功能活化　　　V 价值挖掘展示
R 结构加固　　　I 拓宽资金渠道
S 空间改造　　　O 创新产权模式
Q 性能提升　　　B 创新运营模式

05 聚春园驿馆

◎ 老字号老建筑携手现代化
◎ 连廊整合合院式建筑群空间
◎ 传统木结构改造适应现代居住需求

06 中平路66—72号

◎ 用钢结构替换原有不安全木结构
◎ 商业公司参与历史建筑保护利用

07 加德纳纪念馆

◎ 故居作为展馆展示加德纳生平及中美友谊
◎ 开展国际交流和历史教育的代表性场馆

08 艺没城市美术馆

◎ 改造为城市美术馆
◎ 商业公司参与历史建筑保护利用

09 约吧生活馆

◎ 改造展示福州近代合院式建筑特色
◎ 商业模式运作历史建筑保护利用

10 老爷车博物馆

◎ 造船厂厂房变身汽车工业展厅
◎ 混凝土桁架展示与加固
◎ 夹层和屋中屋的手法改造工业厂房

11 江兜村乡土馆

◎ 华侨旧居作为莆仙文化乡土馆
◎ 华侨捐赠使用权, 村民共同开发

12 嵩口公益图书馆

◎ 为村民提供社区活动空间和儿童教育
◎ 回乡青年和原住民合作运营

13 松口气客栈

◎ 微干预式木结构加固方式
◎ 空间重新划分, 满足现代居住需求
◎ 改良夯土建筑采光, 隔音, 防水性能, 满足现代需求
◎ 回乡青年和原住民合作运营

14 月溪花渡图书馆

◎ 民间工艺美术主题公益图书馆
◎ 利用被动式方法改善夯土建筑使用性能
◎ 打通原有隔墙,用书架分割空间
◎ 乡村复兴基金会支持下的历史建筑保护利用

15 坂顶村三落厝

◎ 古民居群变身乡村文创中心
◎ 改善传统木结构保温防水性能
◎ 恢复建筑群与水系的关系,展示传统民居生态理念
◎ 商业模式运作下的历史建筑保护利用

16 洋坪村下底厝

◎ 传统民间集资修缮模式

17 后垅村典利厝

◎ 成立民间组织:历史建筑保护合作社

18 竹头寨村上寨

◎ 古民居转化为文化研究中心
◎ 可依据实际需求灵活分割的大空间设计
◎ 基于当地传统施工技术的大跨度木结构
◎ 会议事件引导乡村复兴

图书在版编目(CIP)数据

福州市历史建筑保护利用案例指南 / 霍晓卫, 杨勇
编著. -- 上海:同济大学出版社, 2020.1
  (历史建筑保护与利用案例丛书)
  ISBN 978-7-5608-8900-9

  Ⅰ. ①福… Ⅱ. ①霍… ②杨… Ⅲ. ①古建筑—保护
—案例—福州②古建筑—利用—案例—福州 Ⅳ.
①TU-87

  中国版本图书馆CIP数据核字(2019)第278971号

福州市历史建筑保护利用案例指南
霍晓卫, 杨勇 编著

出 版 人:华春荣
策　　划:秦蕾/群岛工作室
责任编辑:李争
特约编辑:辛梦瑶
责任校对:徐春莲
平面设计:谢竟思 蔡碧典
版　　次:2020年1月第1版
印　　次:2020年1月第1次印刷
印　　刷:联城印刷(北京)有限公司
开　　本:889mm × 1194mm 1/32
印　　张:7.25
字　　数:105 000
书　　号:ISBN 978-7-5608-8900-9
定　　价:88.00元
出版发行:同济大学出版社
地　　址:上海市杨浦区四平路1239号
邮政编码:200092
网　　址:http://www.tongjipress.com.cn
经　　销:全国各地新华书店
光明城联系方式:info@luminocity.cn